U0918340

雪茄之巅

高希霸收藏图鉴

国洪京 主编　孙振文 副主编

中国文联出版社

图书在版编目（CIP）数据

雪茄之巅 . 高希霸收藏图鉴 / 国洪京主编 ; 孙振文
副主编 . -- 北京 : 中国文联出版社 , 2025. 2.
ISBN 978-7-5190-5642-1

Ⅰ . TS453-64

中国国家版本馆 CIP 数据核字第 2024G8P995 号

主　　编　国洪京
副 主 编　孙振文
责任编辑　王九玲
责任校对　秀点校对
装帧设计　刘秀红

出版发行　中国文联出版社有限公司
社　　址　北京市朝阳区农展馆南里 10 号　邮编 100125
电　　话　010-85923091（总编室）　010-85923025（发行部）
经　　销　全国新华书店等
印　　刷　北京启航东方印刷有限公司

开　　本　889 毫米 ×1194 毫米　1/16
印　　张　10.25
字　　数　122 千字
版　　次　2025 年 2 月第 1 版第 1 次印刷
定　　价　599.00 元

编委会

目录

前言

在生命的旅程中，有些经历如同流星划过夜空，短暂却足以点亮内心的世界。2022 年 6 月，我第一次接触到了雪茄，便被其独特的魅力深深吸引。那浓郁的香气、精致的工艺以及悠久的历史文化，让我为之着迷。在这众多雪茄品牌中，高希霸以其卓越的品质和深厚的文化底蕴脱颖而出，成为我心中无法替代的存在。从那时起，我便开始了一段与高希霸的不解之缘。而后的 2023 年 2 月，我踏上了古巴这片神秘的土地，这是我与高希霸雪茄品牌故事的开始，也是我撰写这本高希霸收藏大典的灵感之源。

古巴，这个被誉为“雪茄之国”的地方，它的每一片烟草叶都承载着历史的厚重与文化的传承。在高希霸的故乡，我亲身体验了雪茄的制作工艺，感受到了高希霸品牌背后的故事与精神。这段旅程不仅让我对雪茄有了更深的理解，更在我心中种下了一颗探索和分享的种子。

本书是我对高希霸雪茄品牌的一次深情致敬，在这里，我试图为您揭开高希霸雪茄的神秘面纱，带您一同领略这个世界顶级雪茄品牌的独特魅力。

在这本书中，您将了解到高希霸的历史沿革、制作工艺、品牌文化以及它在世界雪茄市场上的地位。我希望通过我的笔触，能让您感受到高希霸不仅仅是一种奢侈品，更是一种生活态度和精神象征。

我要感谢古巴的每一位向我传授雪茄知识的朋友，感谢他们的热情与慷慨。同时，我也要感谢每一位即将翻开这本书的读者，是你们的阅读让这段旅程得以延续。

愿这本书能成为连接我们与高希霸雪茄的桥梁，让更多的人了解并欣赏这一人类文化遗产的瑰宝。

在此，我诚挚地邀请您与我一同走进高希霸的世界，感受雪茄的魅力，体验古巴的风情。

谨以此书献给所有热爱生活、追求卓越的探索者。

国洪京

2024 年秋

品牌历史

高希霸雪茄的起源可以追溯到 1963 年，当时一位卡斯特罗的贴身保镖喜欢向当地雪茄工匠购买雪茄，卡斯特罗在品尝后非常喜欢。随后，卡斯特罗聘请了爱德华多 · 里维拉 (Eduardo Ribera) 专门为他调制雪茄，这些雪茄最初在严密监控的埃尔拉吉托的哈瓦那郊区的一座意大利式豪宅里秘密生产。直到 1966 年，该雪茄才被命名为“Cohiba”，并开始正式生产。高希霸雪茄以其卓越的品质而闻名于世。每一支雪茄都经过严格的质量控制和手工制作工艺，确保每一口都能给人带来极致的享受。

高希霸雪茄使用的烟叶全部来自古巴著名的 Vuelta Abajo 地区，这是古巴最优质的烟草种植区之一。烟叶经过长时间的陈酿和精心挑选，以确保其独特的风味和香气。

高希霸雪茄的制作工艺非常独特，采用了多达 300 多道工序，包括烟叶的挑选、发酵、卷制等，每一步都力求完美。

高希霸雪茄在全球范围内享有极高的声誉和影响力，是古巴雪茄中的顶级品牌之一。其独特的品质和制作工艺使得每一支雪茄都成为雪茄爱好者的心头好。

浅叶
Ligero
干叶
Seco
淡叶
Volado
顶部Corona
中段厚叶Centro gordo
中段薄叶Centro fino
中段浅色叶Centro ligero
基底与中段1½ 处Uno y medio
基底部分Libre de pie

烟草种植

古巴是加勒比海域面积最大的岛屿，位于美国南部和墨西哥东部。独特的气候环境成就了最好品质的烟叶。烟草植物源产于古巴，在哥伦布发现新大陆之前，已经由原住民种植。

比那尔·德·里奥是古巴烟草最重要的种植区。它位于古巴的西端，气候、降水、土壤非常适合烟草种植。即便如此良好的种植环境，也只有少量烟草种植园被选定为 Habanos S.A. 种植烟草。其中下布埃尔塔（Vuelta Abajo）地区为最主要产区，也是唯一一个能够种植所有类型烟叶的地区。但

古巴地理图

是也只有四分之一的烟草种植场，享有古巴注册烟草种植地区烟田的认证。

古巴优质烟叶的种植周期为 1 年 1 收，从平整土地到收获结束约为 9 个月。

1. 种子的选择

培养和挑选烟草种子是古巴烟草研究所的责任。他们将种子（或更常见的是幼苗）免费分发给种植者 / 烟农 (Vegueros)。每年，该研究所都会决定种植多少烟草以及不同种子品种应占农作物的百分比的几方面。种植者 / 烟农只能在研究所规划范围内，选择他们种植的作物。

2. 种子的成长

烟草种子的传统发芽方法，是将种子放在空旷的泥土中。现在这种方式，已被填满土壤的塑料托盘的栽培方式取代，托盘漂浮在“类似水培”的水和肥料系统上。这些种植的地方是位于户外的，但被塑料帐篷包围着。栽种 45—50 天之后，即可开始种苗。

3. 土壤的准备

传统上，每年的 9 月 15 日开始平整耕地。种植高档烟草的地区，继续使用牛和犁耕的传统方法，但是农业机械正在缓慢地引进，不过因为持续缺乏燃料，使用受到限制。土壤是用有机肥料来施肥。

4. 幼苗种植

每一株幼苗由烟农亲手种到准备好的土壤之中。每公顷种植约 30,000 株幼苗。

5. 照料农作物

幼苗种植 3—4 周后，土壤会堆积到植物支干基部周围，以牢固根部。当每株植物长到其所需的高度时，就会人工手动去除顶芽，以促进其他叶片的生长。这种去芽的

方法，还会导致有碍的侧根生长，所以必须每隔几天，就要手动将侧根从植物中除去。在此期间，必须保持仔细，且持续地灌溉。

种植茄衣的区域，必须在种植后 10 到 20 天之内，将整块田地用薄棉布篷盖。茄套和茄芯则全程在露天的环境下完成生长。

阴盖烟草

棉布盖可以过滤日光并留住热能，让叶子长得更大、更细致，是栽种茄衣的理想环境。哈伯纳斯 Habanos S.A. 只会选择最大、最细致的叶子来制作古巴雪茄的茄衣。茄衣是雪茄生产中最昂贵的烟叶。

阴盖种植的烟叶用于制造茄衣。烟叶的颜色会随着植物的高度逐渐变化。位于低处的烟叶较亮，位于高处的烟叶较暗。这些高位的烟叶只会用于年度限定版和高希霸 Cohiba—马杜罗 Maduro 系列。

日照烟草

在阳光充足无遮挡环境中生长的烟草，被用作雪茄的内部茄芯。它们比阴盖生长的叶子更厚，更有风味。

日照烟草分为不同 的类别，这决定了它们在雪茄制作之中的用途。

低叶 / 淡叶 (Volado Leaf)

生长在烟草植物上最低的叶子被称为低叶 / 淡叶 Volado。它们是最早被收割的，用于制作口味较淡的茄芯和茄套。Volado 因其可燃性高而受到特别重视，并被归类为 Fortaleza 1（浓 / 强度 1）。

中叶 / 干叶 (Seco Leaf)

生长在中间的叶子被称为中叶 / 干叶 Seco，用于中等风味的茄芯。这是提供最多香气的叶子，被归类为 Fortaleza 2（浓 / 强度 2）。

高叶 / 浅叶 (Ligero Leaf)

生长在上部的叶子是 Ligero，用于味道饱满的茄芯。这是一种燃烧速度较慢的叶子，用于增加雪茄的浓 / 强度。它被归类为 Fortaleza 3（浓 / 强度 3）。虽然所有雪茄都会有一些 Volado 和 Seco，但只有较大的环径、味道更浓的雪茄才会使用。

顶叶 / 稀叶 (Medio Tiempo Leaf)

在某些情况下，收割完其他叶子后，植物上层的非常小的顶部叶子，会留在植物上一段时间，从而形成顶叶 / 稀叶 Medio Tiempo。这是最浓 / 强的叶子类别，只有在一些特殊的雪茄中，限量使用。Medio Tiempo 顶叶 / 稀叶需要特殊的发酵方法，并具有独特的味道。它被归类为 Fortaleza 4（浓 / 强度 4）。

6. 收割

种植了大约 40 天之后，开始为期 30 天的收割周期。采摘从植物的底部开始，每次采摘位于最低的 2 或 3 片小叶。通常，第一轮采摘的烟叶，是用于小型的机制雪茄。

7 天之后，主要收割开始。从下到上，分阶段从植物上收割叶子。每个阶段之间，大约相隔 3 天。

阴盖烟草叶是分八个阶段收割。第一个阶段采摘的叶子，是最亮的，往高处采摘的叶子，将逐渐变暗。

日照烟草的茄芯是分五个阶段收割。采摘的第一批叶子，较可能会被归类为低叶 / 淡叶 Volado，用于制作口味较淡的茄芯和茄套。生长于植物中部的叶子将被归类为中叶 / 干叶 Seco，并用于中等风味的茄芯。最上面的叶子，被归类为高叶 / 浅叶 Ligero，即味道饱满的茄芯。某些烟草植物，在收获其余部分之后，顶部的两片叶子，将再保留两周。这就变成了顶叶 / 稀叶 Medio Tiempo 茄芯，仅用于一些超优质或特

别版本的雪茄。

7. 杀青

杀青是另一个劳动密集且复杂的过程。烟叶被分类捆成捆，挂起来晾干。茄衣叶放在特殊的杀青仓中风干约 50 天。茄芯叶也进行风干，但是在进出杀青仓之前和之后，都要进行 5—7 天的额外日晒。

8. 分选，剥离和发酵

茄衣叶的处理，是先将叶子弄湿，然后再按每片叶子的大小，进行分类。分类后的茄衣叶会用黄麻布包扎，让茄衣叶静止休息 10—15 天，然后进行分组，捆绑和最后打包，以准备运往工厂。对于茄套叶和茄芯叶，初始的分类过程，类似于茄衣叶。然后将烟叶子堆叠成堆，并进行 30—50 天的发酵过程。在此期间，将严格仔细监控“叶堆”温度。

发酵后，会撕掉茄芯叶中央的梗，重新包装并打包送入储藏室进行陈化。烟叶在发酵过程中，会降低酸度、焦油和尼古丁的含量，并使茄芯叶的味道变得顺滑，茄衣叶的颜色更均匀。

9. 储存与陈化

在仓库中，烟叶需要存放到一定的年份。从 2006 年起，哈伯纳斯 Habanos S.A. 增加了最短的陈化时间，具体如下：

茄芯——低叶 / 淡叶、高叶 / 浅叶 (Ligero Leaf)3 年

茄芯——中叶 / 干叶 (Seco Leaf)2 年

茄芯——低叶 / 淡叶 (Volado Leaf) 1 年

茄套——一般 1 年

茄衣——一般 1 年

茄衣——年度版 2 年

茄衣——高希霸 Cohiba — 马杜罗 Maduro 5 年

COHIBA

雪茄卷制

1. 加湿：将烟叶分开，喷洒水雾以增加湿度，好让它们更容易处理。抖掉多余的水分，以免烟叶沾染污渍，然后将它们挂在架子上，使其均匀地吸收水分。在此之后，它们将被送入下一个部门进行处理。茄芯和茄套烟叶要从烟捆中取出以检查湿度，根据分拣时的需要补充或去除水分。

2. 除梗：在剥离部门，烟叶中间的主叶脉会被去除，烟叶分成两半。技术工人还会根据颜色、质量、大小对烟叶进行分级和处理。这项工作通常由女性来做。

3. 调配：茄芯和茄套烟叶需要进入调配部门。工人小心地从烟捆中将烟叶取出，分开，然后挂在架子上，让它们吸收适量的水分。当烟叶可以进行处理时，调配师会根据烟捆上标注的信息，将卷制雪茄所需的不同烟叶放在一起。每名卷制工都会拿到一堆烟叶——茄衣、茄套、干叶、淡叶、浅叶，并被告知如何组合以及当天要卷制的雪茄型号。根据哈伯纳斯公司和监管委员会的说法，每种雪茄都有特定的混合方式，调配师要确保它得到遵循。在工厂里，调配师是唯一一个知道所有雪茄混合配方的人。他拿到生产计划后，会根据清单从比那尔·德·里奥的仓库订购所需的烟草。

4. 卷制：在卷制车间，每名卷制工都有属于自己的工作台和工具，以此来完成每天的任务。卷制工一旦被分配了任务，就要根据雪茄的规格，每天卷制出一定数量的雪茄。对于较小型号来说，平均每天约 100 支。

5. 质检：在质控室，要对雪茄的结构质量做一系列检查。

在这里，要逐一检查每支雪茄是否有缺陷，既要用眼观察，又要用手触摸，并且须确保它们达到准确的规格（长度和环径）。如果茄衣有瑕疵或者被挤压过，它就会给人太紧或太松的感觉，这样的雪茄会被放到一边，卷制工会被扣除部分工资。装雪茄的盒子上会标明卷制工的名字。一名卷制工一天的产品中出现一两根不合格的，没有问题，但是如果超过这个量，并且每天都发生，那么这个卷制工可能需要被降级。

6. 入柜： 通过质量检查后，雪茄会被装入橱柜。

在这里，要对雪茄进行熏蒸，杀灭其中的真菌和昆虫，之后存放大约 1 周以调节湿度。在被送到下个部门之前，雪茄会释放出多余的水分。

7. 分拣： 分拣的时候，雪茄会被摆在色选台上。据说（雪茄的）棕色可以分为 60 多个色度，分拣师都是有天赋的人，比普通人更擅长区分它们。

这一过程要确保每个盒子里盛装的雪茄都是同样的色度或颜色。在这一过程中的任何时候，分拣师都有权丢弃任何一支雪茄，这相当于另做了一次质控抽查。

8. 贴标： 茄标部是给雪茄贴茄标的地方。在送到这里之前，雪茄已经按色度分好类并且装盒，最好的一面朝上，但是没有茄标。在这个部门，工人将小心地取出雪茄，贴上茄标，然后根据接收时装盒的样子将它们放回去，也就是说，最好的一面朝上（朝外）。

9. 装饰： 雪茄盒是装饰部门准备的，之后它们将装满雪茄。这些盒子还会用精致的、爱好者们非常熟悉的盖纸装饰。

10. 包装： 包装是雪茄送到仓库、准备上市之前的最后一步。雪茄盒装进大纸板箱，箱子上印着所装雪茄的信息：品牌、类型、数量、重量、日期和工厂名称。

最后，雪茄被装进大箱子里，箱子上印着相关信息，它们被运送到哈瓦那的一个仓库，从那里再运往古巴其他地方和世界各地。古巴的雪茄工厂生产的雪茄，并不会直接在与该厂相关的商店销售，即使它拥有一家商店也是如此。每个国家都只有一个雪茄进口商，它进口雪茄，继而卖给国内的各家雪茄店。

雪茄标

高希霸雪茄自 1966 年诞生以来，一直是世界著名的雪茄品牌，早期专为古巴革命领袖菲德尔·卡斯特罗量身打造，并作为国礼赠送给外国领导人。1982 年后，高希霸揭开了神秘的面纱，正式对外出售。高希霸的茄标设计随着时间不断演变，以体现品牌的独特性和提高防伪避免仿造品的产生。例如最初的茄标设计作为总统的御用雪茄兼外交礼品，属于非卖品，后期则逐渐进入市场，并随着时间推移，茄标设计也进行了多次更新和改进，以适应市场需求和品牌发展。

经典系列雪茄标

第一代标

1969—1973 年

第二代标

1973—1993 年

第三代标

大概 1993—2003 年

第四代标

2003—2014 年

凹凸烫金

第五代标

2012 年起最初用于特长金字塔 Piramides Extra，2014 年中开始用于其他高希霸雪茄，采用至今

凹凸烫金，包含防伪镭射图案印于商标和上下条带。自 2017 年起，茄标右端上有一个隐藏暗码，可以用紫外线灯照射显示出来。自 2021 年起，雪茄标上下方防伪镭射图案带最右侧有三个点的长度留有空白。

马杜罗系列雪茄标

第一代标

2007—2016 年

凹凸烫金

第二代标

2016 年至今

凹凸烫金，有防伪镭射图案印于商标和上下条带。用紫外线照射时，另一暗码会出现在 A 字下方。

贝伊可系列雪茄标

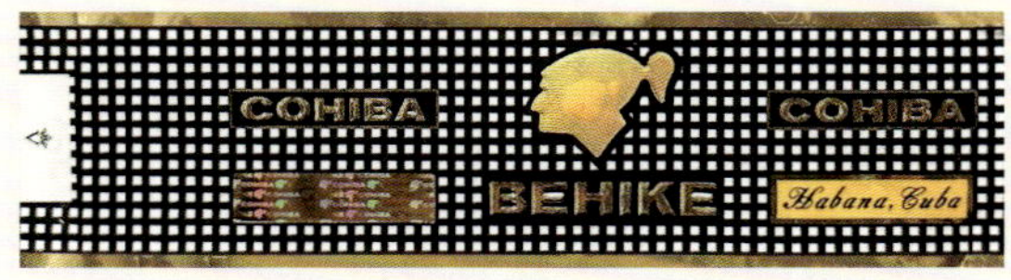

第一代标

2010—2013 年

凹凸烫金。包含两个防伪镭射图案。在 2013 年的某个时候，防伪镭射图案的设计略有更改。

第二代标

2013 年至今

更新了镭射图案，加上微型印刷。

01 经典系列

1. 长矛
2. 特级皇冠
3. 宾丽
4. 罗布图
5. 导师
6. 吉士途
7. 特级金字塔
8. 琥珀

最初“高希霸”只生产一款雪茄，并且没有正式名称，只有厂号“拉吉托1号”，到了1967年又增加了2个新尺寸“拉吉托2号”和“拉吉托3号”。直到1969年才给这三款雪茄命名为“长矛”“特级皇冠”“宾丽”。在1989年又推出了三款经典尺寸：“罗布图”“导师”“吉士途”。2012年推出“特级金字塔”尺寸，直至2021年发布“琥珀”尺寸。至此“经典系列”全系产品得以全部面世。这些雪茄体现了高希霸历史最悠久的一个系列，以其经典口感和独特风味而受到推崇。

长矛 Lanceros

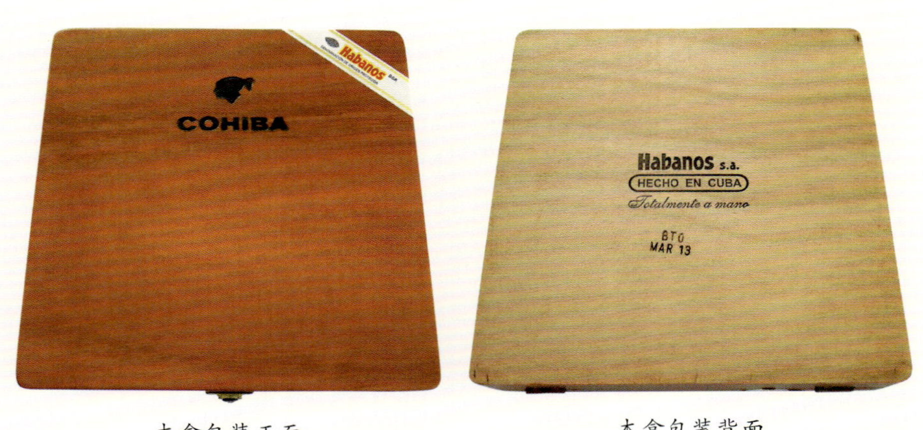

木盒包装正面　　木盒包装背面

第一版（1969—1973 年）

第二版（1973—1993 年）

第三版（1993—2003 年）

第四版（2003—2014 年）

第五版（2014 年至今）

长矛 Lanceros	长度：192mm	环径：38	发布年份：1964	浓郁度★★★★☆

结　构：手卷。

雪茄标：第一、二、三、四、五代标。

包　装：清漆木盒 25 支装。软纸盒 25 支装，分 5 个纸板包，每包 5 支（于 2013 年停产）。纸板包 3 支装（于 2000 年之前停产）。清漆木盒玻璃纸包 25 支装（于 2000 年之前停产）。清漆木盒 50 支装（于 2000 年之前停产）。清漆木盒玻璃纸包 50 支装（于 2000 年之前停产）。纸糊木盒玻璃纸包 25 支装（于大概 1982 年停产）。纸糊木盒玻璃纸包 50 支装（于大概 1982 年停产）。

介　绍：高希霸长矛是古巴雪茄品牌高希霸（Cohiba）的一款经典雪茄，其历史可以追溯到 1964 年，当时它作为礼物赠送给外国元首。这款雪茄以其独特的香气和精致的口感而闻名，通常被视为高希霸品牌中的一款高端产品。高希霸长矛的香气和口感在不同的阶段有所变化，前段带有淡淡的草地、烟草、木头味，中段添入可可和咖啡的香气，后段则展现出烘焙咖啡豆的香味，整体给人一种优雅而深沉的感觉。高希霸长矛不仅因其独特的口感和香气受到雪茄爱好者的喜爱，还因其与古巴政治和历史紧密相关的背景而备受关注。

特级皇冠 Coronas Especiales

木盒包装正面

木盒包装背面

第一版（1969—1973 年）

第二版（1973—1993 年）

第三版（1993—2003 年）

第四版（2003—2014 年）

第五版（2014 年至今）

特级皇冠 Coronas Especiales	长度：152mm	环径：38	发布年份：1967	浓郁度★★★★☆

结　构：手卷。

雪茄标：第一、二、三、四、五代标。

包　装：清漆木盒 25 支装。软纸盒 25 支装，分 5 个纸板包，每包 5 支（于 2017 年停产）。纸板包 3 支装（于 2000 年之前停产）。清漆木盒玻璃纸包 25 支装（于 2000 年之前停产）。清漆木盒 50 支装（于 2000 年之前停产）。清漆木盒玻璃纸包 50 支装（于 2000 年之前停产）。纸糊木盒 25 支装（于大概 1982 年停产）。纸糊木盒 50 支装（于大概 1982 年停产）。

介　绍：高希霸特级皇冠雪茄在 1967 年生产，当时被称为“拉吉托 2 号”，1969 年被命名为“特级皇冠”。直到 1982 年才面向国际市场，具有精致的小辫子，豆香伴随着咖啡味，浓度和香味之间有完美的平衡。

宾丽 Panetelas

木盒包装正面

木盒包装背面

第一版（1969—1973 年）

第二版（1973—1993 年）

第三版（1993—2003 年）

第四版（2003—2014 年）

第五版（2014 年至今）

宾丽 Panetelas	长度：115mm	环径：26	发布年份：1967	浓郁度★★★⯪☆

结　构：手卷。

雪茄标：第一、二、三、四、五代标。

包　装：软纸盒 25 支装，分 5 个纸板包，每包 5 支。清漆木盒 25 支装。清漆木盒玻璃纸包 25 支装（于 2000 年之前停产）。清漆木盒 50 支装（于 2000 年之前停产）。清漆木盒玻璃纸包 50 支装（于 2000 年之前停产）。纸糊木盒玻璃纸包 25 支装（于大概 1982 年停产）。纸糊木盒玻璃纸包 50 支装（于大概 1982 年停产）。

介　绍：高希霸宾丽是古巴雪茄品牌高希霸（Cohiba）的一个系列，属于高希霸的经典系列之一。宾丽最初被称为“拉吉托 3 号”，是拉吉托工厂三兄弟款式之一，另外两个分别是长矛和特级皇冠。宾丽正式上市于 1967 年，被习惯性地称为“前御三家”之一。尽管在经典系列中的地位相对较低且容易被忽视，但它因其独特的风味和制作工艺而受到一定的市场认可。

罗布图 Robustos

木盒包装正面

木盒包装背面

第一版（1989—1993 年）

第二版（1993—2003 年）

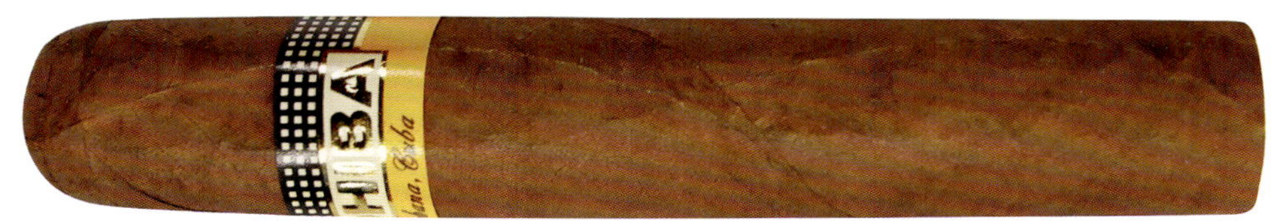

第三版（2003—2014 年）

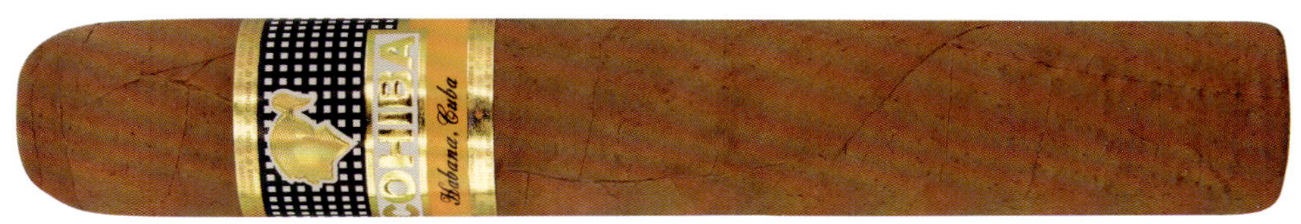

第四版（2014 年至今）

罗布图 Robustos	长度：124mm	环径：50	发布年份：1989	浓郁度★★★☆☆

结　构：手卷。

雪茄标：第二、三、四、五代标。

包　装：软纸盒铝管 15 支装，分 5 个纸板包，每包 3 支（2014 年面世）。软纸盒 15 支装，分 5 个纸板包，每包 3 支（大概 2003 年面世）。清漆侧推盖木盒 25 支装。

介　绍：高希霸罗布图是古巴雪茄品牌高希霸（Cohiba）的一款经典型号，以其手工制作的工艺和丰富的口感而闻名。属于中等偏高的浓郁度。它的主线风味包括豆香、奶油和皮革，整体香浓醇厚，口感饱满有力，香味丰富且均衡，被认为是古巴雪茄中的经典代表作之一。

导师 Espléndidos

木盒包装正面

木盒包装背面

第一版（1989—1993 年）

第二版（1993—2003 年）

第三版（2003—2014 年）

第四版（2014 年至今）

导师 Espléndidos	长度：178mm	环径：47	发布年份：1989	浓郁度★★★★☆

结　构：手卷。

雪茄标：第二、三、四、五代标。

包　装：清漆木盒 25 支装（大概 2003 年面世）。软纸盒 15 支装，分 5 个纸板包，每包 3 支。清漆半原色木盒 25 支装（于大概 2003 年停产）。

介　绍：高希霸导师雪茄是一款备受推崇的古巴手工雪茄，以其经典的丘吉尔款型和丰富的口感而闻名。这款雪茄以其复杂而均衡的风味著称，前段带有柔顺的木香和花香，中段通过焦油的累积，味道越来越重，出现皮革和苦味，后段涩味加重，整体味道复杂而美好。烟雾中散发出胡椒、可可和雪松木的香气，非常适合在饱餐一顿后享受。受到包括菲德尔·卡斯特罗在内的许多人的青睐，成为一款传奇雪茄。

吉士途 Exquisitos

木盒包装正面

木盒包装背面

第一版（1989—1993 年）

第二版（1993—2003 年）

第三版（2003—2014 年）

第四版（2014 年至今）

吉士途 Exquisitos	长度：126mm	环径：33	发布年份：1989	浓郁度★★★☆☆

结　构：手卷。

雪茄标：第二、三、四、五代标。

包　装：清漆木盒 25 支装（大概 2006 年面世）。软纸盒 25 支装，分 5 个纸板包，每包 5 支（1990 年年初面世）。清漆半原色木盒 25 支装（于大概 2006 年停产）。纸板玻璃纸包 5 支装（于 1990 年年初停产）。清漆半原色木盒玻璃纸包 25 支装（于 1990 年年初停产）。

介　绍：这款雪茄的烟叶来自古巴最好的布埃尔塔·阿巴霍地区，主线味道初段展现出高希霸的青草奶油豆香味，混合着泥土、肉桂和甜味，体现了高希霸一贯的老风味。中段较为耐烧，香料感和奶油感增强，若状态良好，可以与世纪系列 123 打个平手。后段延续了前段和中段的香料感，出现了些许烤豆子的味道。这款雪茄的平均品吸时间为 20 分钟，适合在茶余饭后短时间品尝。

特级金字塔 Pirámides Extra

木盒包装正面

木盒包装背面

第一版（2012 年至今）

特级金字塔 Pirámides Extra	长度：160mm	环径：54	发布年份：2012	浓郁度★★★★☆

结　构：手卷。

雪茄标：第五代标。

包　装：软纸盒铝管 15 支装，分 5 个纸板包，每包 3 支（2013 年面世）。清漆原色木盒 10 支装。

介　绍：高希霸特级金字塔是古巴雪茄中的传世经典之作，作为“经典系列”发布最晚的品种，它以其独特的形状和精湛的工艺著称。只有最优秀的工匠才能制作出如此精美的雪茄。

琥珀 Ambar

木盒包装正面

木盒包装背面

第一版（2021年至今）

琥珀 Ambar	长度：132mm	环径：53	发布年份：2021	浓郁度★★★⯪☆

结　构：手卷。

雪茄标：第五代标。

包　装：软纸盒铝管15支装，分5个纸板包，每包3支。清漆原色木盒10支装。

介　绍：2021年5月4日，哈伯纳斯股份有限公司公布了新系列雪茄之一，该雪茄由El Laguito工厂完成生产，这支雪茄秉承了高希霸雪茄的卓越品质，独有的烟叶在品牌独特的木桶中精心发酵。

02 马杜罗系列

1. 奥秘

2. 魔术师

3. 天才

高希霸马杜罗系列是品牌中的璀璨明珠，它的一大特色在于使用了经过五年陈化且色泽深邃的马杜罗茄衣。马杜罗烟叶因其复杂的发酵过程和长时间的熟成，赋予了雪茄丰富的甜味、奶油质感和浓郁的巧克力香气。该系列包含“奥秘”“魔术师”和“天才”三款雪茄，2007 年 3 月于古巴雪茄节上隆重推出。

奥秘 Secretos

木盒包装正面

第一版（2007—2016 年）

第二版（2016 年至今）

奥秘 Secretos	长度：110mm	环径：40	发布年份：2007	浓郁度★★★★☆

结　构：手卷。

雪茄标：第一、二代标。

包　装：黑色亮光面漆盒 10 支装（2007 年面世）。黑色亮光面漆盒 25 支装（2007 年面世）。

介　绍：使用陈化 5 年的马杜罗茄衣和陈化 3 年的茄套和茄芯。以其中等浓郁的口感和咖啡、可可、雪松木香为主，提供了一种饱满顺畅、味道极其丰富的体验。

魔术师 Magicos

木盒包装正面

木盒包装背面

第一版（2007—2016 年）

第二版（2016 年至今）

魔术师 Magicos	长度：115mm	环径：52	发布年份：2007	浓郁度★★★★☆

结　构：手卷。

雪茄标：第一、二代标。

包　装：黑色亮光面漆盒 10 支装（2007 年面世）。黑色亮光面漆盒 25 支装（2007 年面世）。

介　绍：使用陈化 5 年的马杜罗茄衣和陈化 3 年的茄套和茄芯。皮革、杏仁、木香、花香及木耳的气息交错参差，中后段坚果香和底气十足的辣味混合，呈现出非常浓郁的醇化木质感。

天才 Genios

木盒包装正面

木盒包装背面

第一版（2007—2016 年）

第二版（2016 年至今）

天才 Genios	长度：140mm	环径：52	发布年份：2007	浓郁度★★★★☆

结　构：手卷。

雪茄标：第一、二代标。

包　装：黑色亮光面漆盒 10 支装（2007 年面世）。黑色亮光面漆盒 25 支装（2007 年面世）。

介　绍：使用陈化 5 年的马杜罗茄衣和陈化 3 年的茄套和茄芯。制造精良，混合合理，燃烧均匀，拥有独特的风味和淡淡的芳香。

03 世纪系列

1. 世纪 1 号
2. 世纪 2 号
3. 世纪 3 号
4. 世纪 4 号
5. 世纪 5 号
6. 世纪 6 号
7. 半世纪
8. 世纪系列 10 周年纪念保湿盒

1992年，哈伯纳斯公司推出了高希霸1492（Cohiba Línea 1492），以纪念克里斯托弗·哥伦布1492年抵达美洲发现“新大陆”。每种雪茄都以美洲发现之后的几个世纪命名，而且型号不同。最初推出的包括：世纪1号（Siglo I）、世纪2号（Siglo II）、世纪3号（Siglo III）、世纪4号（Siglo IV）、世纪5号（Siglo V），2002年推出了世纪6号（Siglo VI），2016年推出半世纪（Medio Siglo）。2002年特别发行世纪（Siglo）系列10周年纪念保湿盒。

世纪 1 号 Siglo I

木盒包装正面

木盒包装背面

第一版（1994—2003 年）

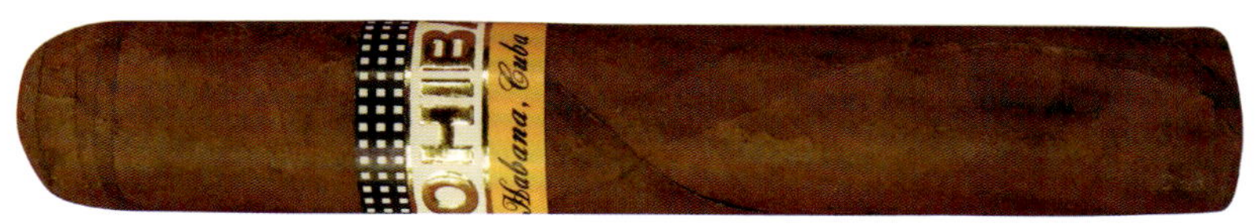

第二版（2003—2014 年）

第三版（2014 年至今）

世纪 1 号 Siglo I	长度：102mm	环径：40	发布年份：1994	浓郁度★★★★☆

结　构：手卷。

雪茄标：第三、四、五代标。

包　装：软纸盒铝管 15 支装，分 5 个纸板包，每包 3 支（大概 2008 年面世）。软纸盒 25 支装，分 5 个纸板包，每包 5 支。清漆侧推盖木盒 25 支装。

介　绍：虽小巧却力量十足。皮革奶油味与豆香的甘甜交织，松木咖啡的香气更是如影随形，被誉为“开胃雪茄”。其独特的三段发酵工艺，加上顶级烟草园的烟叶，都彰显了高希霸的现代风范。

世纪 2 号 Siglo II

木盒包装正面

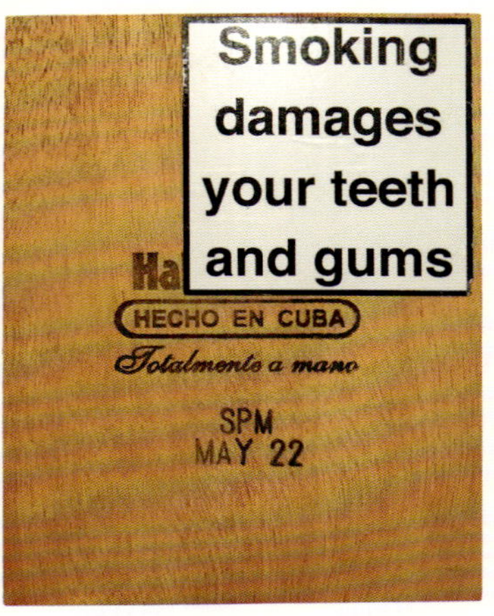

木盒包装背面

第一版（1994—2003 年）

第二版（2003—2014 年）

第三版（2014 年至今）

世纪 2 号 Siglo II	长度：129mm	环径：42	发布年份：1994	浓郁度★★★★☆

结　构：手卷。

雪茄标：第三、四、五代标。

包　装：软纸盒铝管 15 支装，分 5 个纸板包，每包 3 支（大概 2008 年面世）。软纸盒 25 支装，分 5 个纸板包，每包 5 支。清漆侧推盖木盒 25 支装。

介　绍：相比世纪 1 号更显爽朗。其香氛持久而清爽，奶油可可的味道更是锦上添花，成为系列中温和的一款。

世纪 3 号 Siglo III

木盒包装正面

木盒包装背面

第一版（1994—2003 年）

第二版（2003—2014 年）

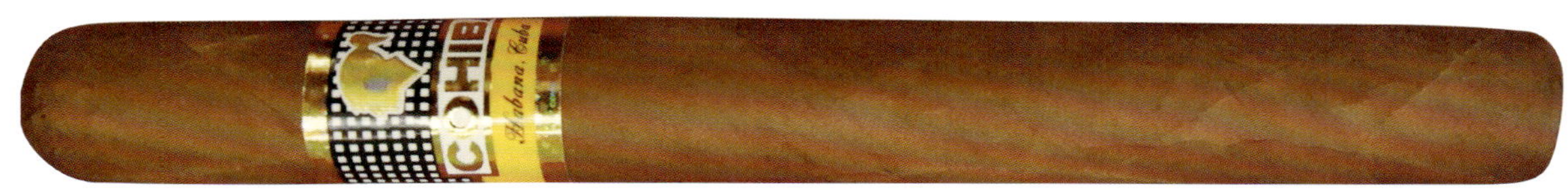

第三版（2014 年至今）

世纪 3 号 Siglo III	长度：155mm	环径：42	发布年份：1994	浓郁度★★★⯪☆

结　构：手卷。

雪茄标：第三、四、五代标。

包　装：软纸盒铝管 15 支装，分 5 个纸板包，每包 3 支（大概 2008 年面世）。软纸盒 25 支装，分 5 个纸板包，每包 5 支。清漆侧推盖木盒 25 支装。

介　绍：显得低调内敛，作为传统与现代的过渡之作，初味辣而短暂，随后便是奶油、咖啡与豆香的层次分明。中段松木与咖啡香气明显，末段更是加入了肉桂香，余韵悠长。

世纪 4 号 Siglo IV

木盒包装正面

木盒包装背面

第一版（1994—2003 年）

第二版（2003—2014 年）

第三版（2014 年至今）

世纪 4 号 Siglo IV	长度：143mm	环径：46	发布年份：1994	浓郁度★★★★☆

结　构：手卷。

雪茄标：第三、四、五代标。

包　装：软纸盒铝管 15 支装，分 5 个纸板包，每包 3 支（大概 2008 年面世）。软纸盒 25 支装，分 5 个纸板包，每包 5 支。清漆侧推盖木盒 25 支装。

介　绍：被誉为“世纪皇冠雪茄”，其口感平衡出众，继承了品牌的传统风格，外层茄衣更是烟叶中的极品。

世纪 5 号 Siglo V

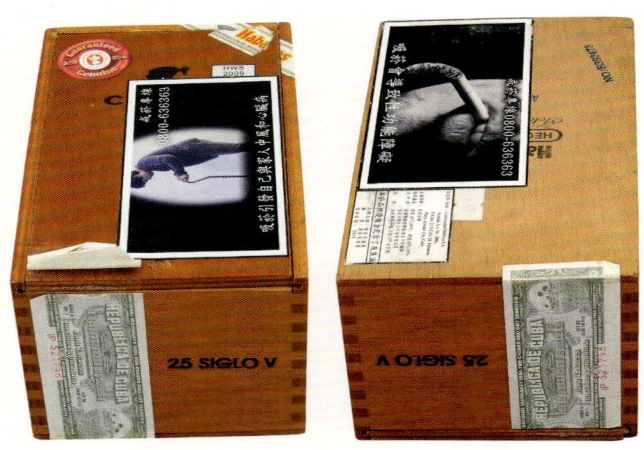

木盒包装正面　　木盒包装背面

第一版（1994—2003 年）

第二版（2003—2014 年）

第三版（2014 年至今）

世纪 5 号 Siglo V	长度：170mm	环径：43	发布年份：1994	浓郁度★★★★☆

结　构：手卷。

雪茄标：第三、四、五代标。

包　装：软纸盒铝管 15 支装，分 5 个纸板包，每包 3 支（2008 年面世）。清漆侧推盖木盒 25 支装。软纸盒 25 支装，分 5 个纸板包，每包 5 支（于 2017 年停产）。

介　绍：古巴最佳 Dalia 尺寸，口感浓烈，融合了咖啡、奶油与香草的味道，被誉为“硬汉之选”。

世纪 6 号 Siglo VI

木盒包装正面

木盒包装背面

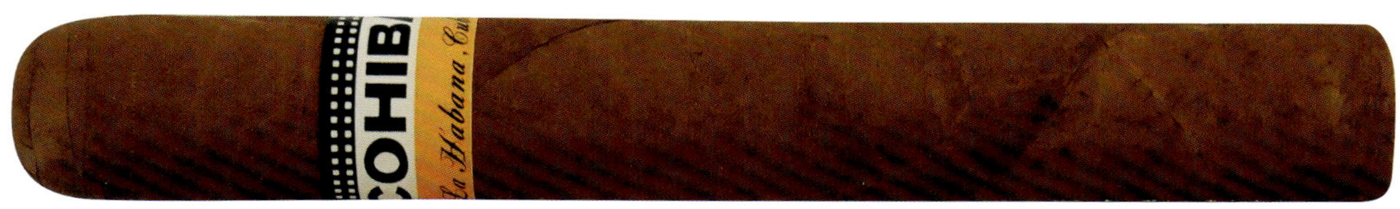
第一版（2002—2003 年）

第二版（2003—2014 年）

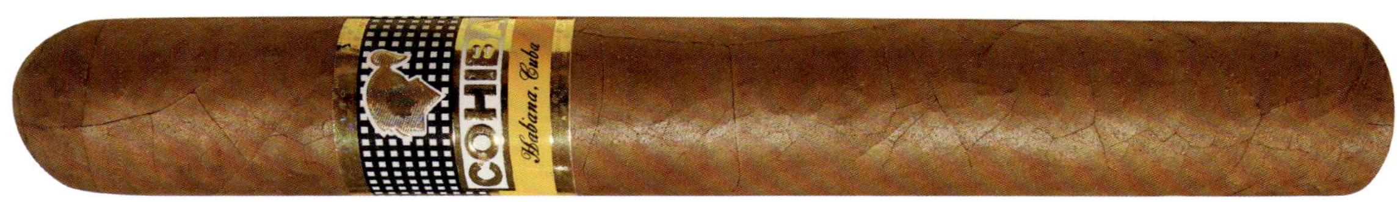

第三版（2014 年至今）

世纪 6 号 Siglo VI	长度：150mm	环径：52	发布年份：2002	浓郁度★★★★☆

结　构：手卷。

雪茄标：第三、四、五代标。

包　装：软纸盒铝管 15 支装，分 5 个纸板包，每包 3 支（2004 年面世）。清漆侧推盖木盒 10 支装。清漆侧推盖木盒 25 支装。

介　绍：自诞生以来，便以其雄壮的外观与强劲的口感，成为古巴雪茄的巅峰之作。

半世纪 Medio Siglo

木盒包装正面

木盒包装背面

第一版（2016年至今）

半世纪 Medio Siglo	长度：102mm	环径：52	发布年份：2016	浓郁度★★★★☆

结　构：手卷。

雪茄标：第五代标。

管　筒：名贵铝管。

包　装：软纸盒铝管 15 支装，分 5 个纸板包，每包 3 支。清漆侧推盖木盒 25 支装。

介　绍：深受茄友喜爱。其独特的发酵技术与优质的烟叶，都为其带来了奶油味主导的丰富口感。

世纪系列 10 周年纪念保湿盒
Cohiba Siglo X Aniversario Humidor Commemorative Release

COHIBA
Aniversario
Linea 1492

世纪1号 Siglo I (15)	长度：102mm	环径：40	发布年份：2002	浓郁度★★★★☆
世纪2号 Siglo II (15)	长度：129mm	环径：42	发布年份：2002	浓郁度★★★★☆
世纪4号 Siglo IV (15)	长度：143mm	环径：46	发布年份：2002	浓郁度★★★★⯨
世纪6号 Siglo VI (15)	长度：150mm	环径：52	发布年份：2002	浓郁度★★★★⯨
世纪3号 Siglo III (15)	长度：155mm	环径：42	发布年份：2002	浓郁度★★★⯨☆
世纪5号 Siglo V (15)	长度：170mm	环径：43	发布年份：2002	浓郁度★★★★☆

结　构：手卷。

雪茄标：10周年纪念茄标。

包　装：带编号，保湿箱90支装（总产量500盒）。

介　绍：高希霸世纪（Siglo）系列10周年纪念保湿盒是由世纪1号—世纪6号每款15支雪茄，一共6款90支雪茄组合而成，限量500盒，使用3年陈烟叶制作，采用高希霸特别制作的10周年纪念茄标，于2002年上市。

世纪 1 号 Siglo I (15)

世纪 2 号 Siglo II (15)

世纪 4 号 Siglo IV (15)

世纪 6 号 Siglo VI (15)

世纪 3 号 Siglo III (15)

世纪 5 号 Siglo V (15)

04 贝伊可系列

1. 贝伊可 52

2. 贝伊可 54

3. 贝伊可 56

谈及雪茄界的奢华、高贵与硬通货，高希霸贝伊可（BHK）系列无疑是其中的佼佼者。作为高希霸品牌的顶级系列，它代表着古巴雪茄的至高无上的水准。自 2010 年问世以来，该系列已稳坐古巴雪茄的王者宝座。贝伊可（BHK）系列雪茄的独特之处在于，它首次融合了三种特殊烟叶进行调配。这些烟叶选自阳植法培育的烟草植株的上两层，得益于其得天独厚的生长位置，能够充分汲取阳光与雨露的滋养，从而赋予雪茄别具一格的风味与深邃口感。经过层层精选，这些烟叶的品质自然也是顶尖的。随着时间的推移，贝伊可（BHK）雪茄的美味逐渐累积，越陈越显珍贵，成为雪茄爱好者们争相追逐的传奇之作。目前，高希霸贝伊可（BHK）系列共有三款产品亮相市场，分别是贝伊可 52（BHK52）、贝伊可 54（BHK54）和贝伊可 56（BHK56）。

贝伊可 52（BHK 52）

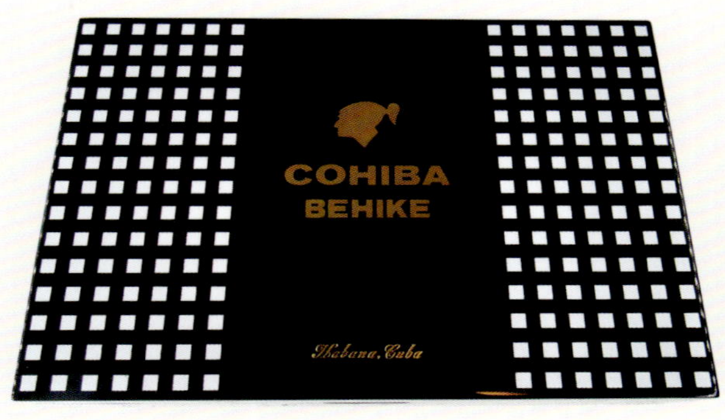

木盒包装正面

纸盒包装正面

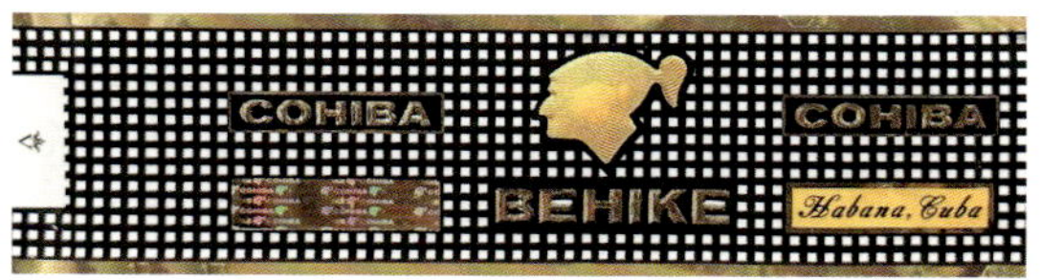

第一代标（2010—2013 年）

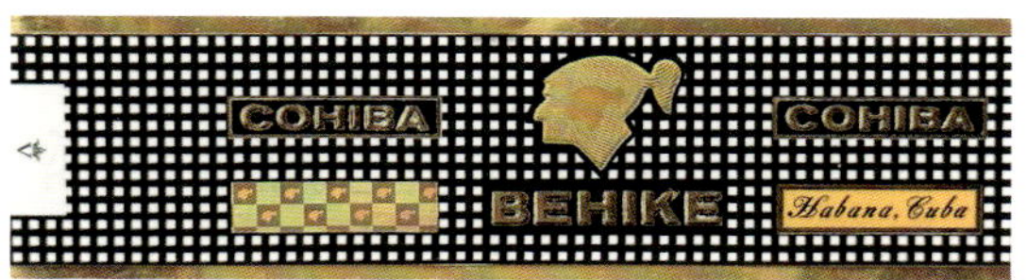

第二代标（2013 年至今）

贝伊可 52 BHK 52	长度：119mm	环径：52	发布年份：2010	浓郁度★★★★☆

结　构：手卷。

雪茄标：第一、二代标。

包　装：黑色亮光面漆盒 10 支装。

介　绍：加入稀有的顶叶 Medio Tiempo leaf。2010 年发布，直到现在。

贝伊可 54（BHK 54）

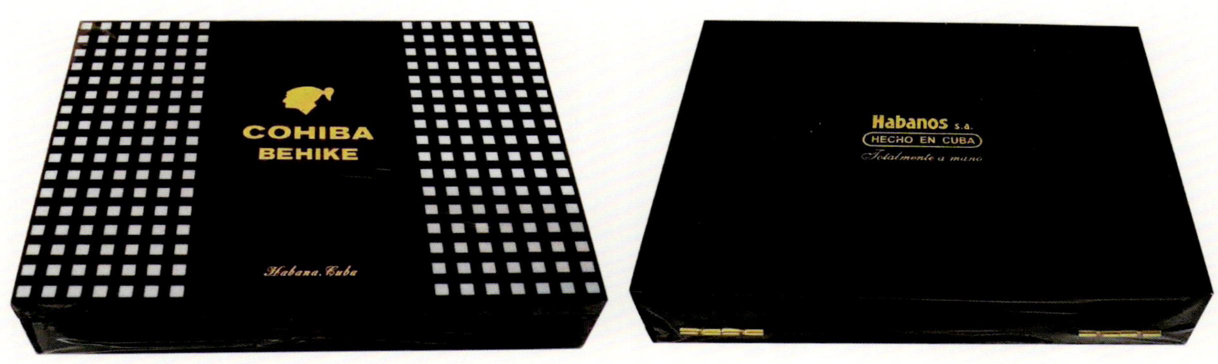

木盒包装正面　　木盒包装背面

第一代标（2010—2013 年）

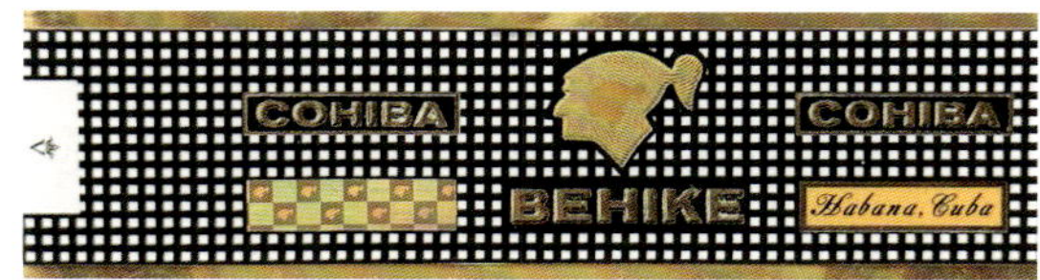

第二代标（2013 年至今）

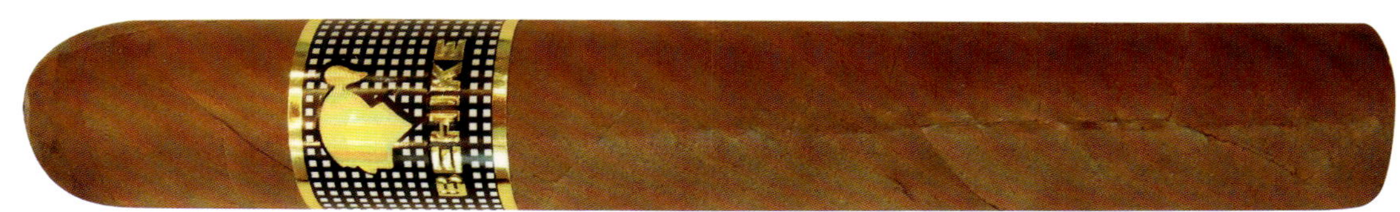

贝伊可 54 BHK 54	长度：144mm	环径：54	发布年份：2010	浓郁度★★★★☆

结　构：手卷。

雪茄标：第一、二代标。

包　装：黑色亮光面漆盒 10 支装。

介　绍：加入稀有的顶叶 Medio Tiempo leaf。2010 年发布，直到现在。

贝伊可 56（BHK 56）

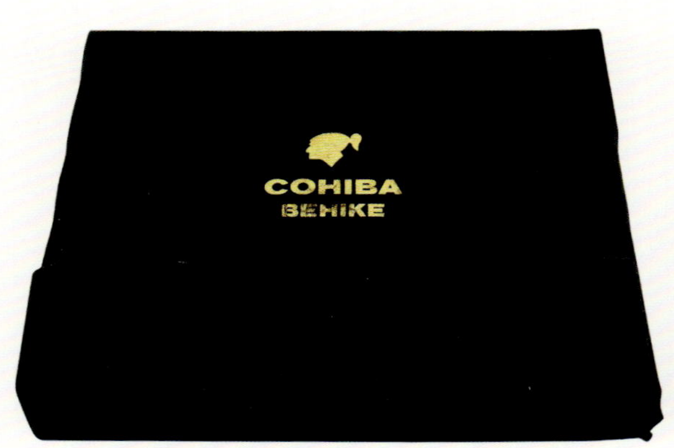

绒布袋包装正面

木盒包装正面

第一代标（2010—2013 年）

第二代标（2013 年至今）

贝伊可 56 BHK 56	长度：166mm	环径：56	发布年份：2010	浓郁度★★★★☆

结　构：手卷。

雪茄标：第一、二代标。

包　装：黑色亮光面漆盒 10 支装。

介　绍：加入稀有的顶叶 Medio Tiempo leaf。2010 年发布，直到现在。

05 年度限量系列

1.2001 年全球限量——金字塔

2.2003 年高希霸全球限量——双皇冠

3.2004 年高希霸全球限量——升华

4.2006 年全球限量——金字塔

5.2011 年全球限量——1966

6.2014 年全球限量——至尊罗布图

7.2017 年全球限量——护身符

8.2021 年全球限量 55 周年——胜利

2000 年，哈伯纳斯 Habanos S.A. 推出了年度限定版 (Edición Limitada) 系列。该系列雪茄的款式和尺寸，跟标准或常规生产的雪茄是不同的。最初，茄衣是采用植物最上层的烟叶，并陈化 2 年，以产生独特的深色。自 2007 年开始，雪茄所用的所有烟草（包括茄衣、茄套和茄芯），均陈化了 2 年的时间。在该计划的初阶段，每年会发行 4—5 种不同的年度限定版雪茄。2002 年没有发布，可能是由于 2001 年的年度限定版雪茄推出得比较晚，以及缺少合适的、已陈化了 2 年的烟叶，也可能因为哈伯纳斯 Habanos S.A. 低估了年度限定版的受欢迎程度。自 2005 年以来，大多数年份（除少数例外），均推出三款年度限定版雪茄。年度限定版，通常有两个茄标：品牌的标准生产茄标，以及第二条黑金色的副标，上面写着“Edición Limitada”和发行年份。2000 年版中的副标，不包含年份。到目前为止，高希霸共推出 8 款年度限量系列。

2001年全球限量——金字塔
2001 Edición Limitada Series—Pirámides

木盒包装正面

木盒包装背面

金字塔 Pirámides	长度：156mm	环径：52	发布年份：2001	浓郁度★★★★☆

结　构：手卷。

雪茄标：第三代标，另加 2001 年度限定副标。

包　装：清漆半原色木盒 25 支装。

介　绍：陈化 2 年的茄衣。2001 年发布。直到 2002 年才推出市场。

2003年高希霸全球限量——双皇冠

2003 Edición Limitada Series—Double Coronas

木盒包装正面

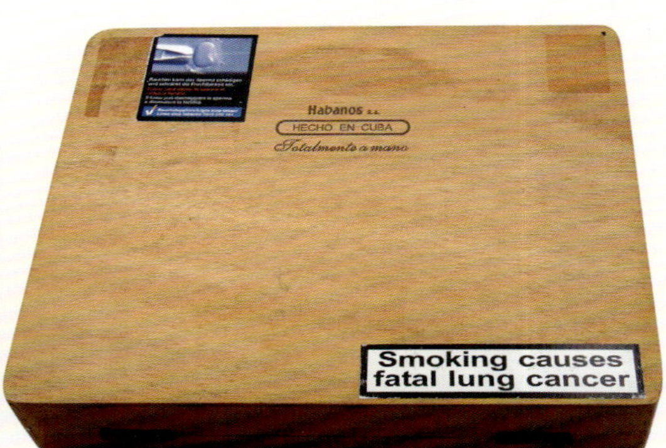

木盒包装背面

双皇冠 Double Coronas	长度：194mm	环径：49	发布年份：2003	浓郁度★★★★☆

结　构：手卷。

雪茄标：第四代标，另加 2003 年度限定副标。

包　装：清漆木盒 25 支装。

介　绍：茄衣陈化 2 年。2003 年发布。

2004 年高希霸全球限量——升华
2004 Edición Limitada Series—Sublimes

木盒包装正面

木盒包装背面

升华 Sublimes	长度：164mm	环径：54	发布年份：2004	浓郁度★★★★☆

结　构：手卷。

雪茄标：第四代标，另加 2004 年度限定副标。

包　装：清漆木盒 25 支装。

介　绍：茄衣陈化 2 年。2004 年发布。

2006 年全球限量——金字塔
2006 Edición Limitada Series—Pirámides

木盒包装正面

木盒包装背面

金字塔 Pirámides	长度：156mm	环径：52	发布年份：2006	浓郁度★★★★☆

结　构：手卷。

雪茄标：第四代标，另加 2006 年度限定副标。

包　装：黑色亮光面漆盒 10 支装。

介　绍：茄衣陈化 2 年。2006 年发布。年度限定版面世 5 周年（2001 年金字塔的复刻版）。

2011 年全球限量——1966
2011 Edición Limitada Series—1966

木盒包装正面

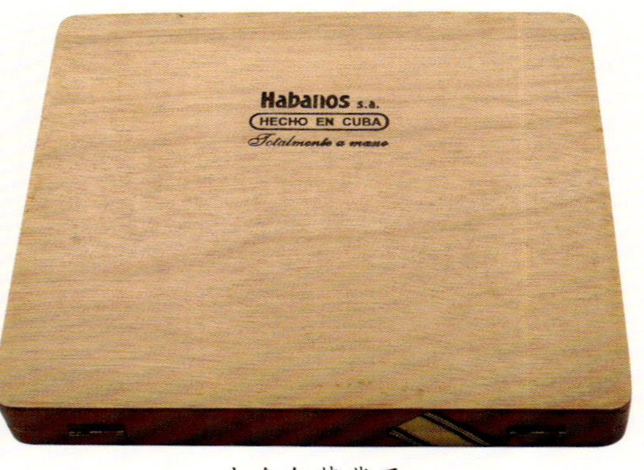

木盒包装背面

高希霸 1966（Cohiba 1966）	长度：166mm	环径：52	发布年份：2011	浓郁度★★★★☆

结　构：手卷。

雪茄标：第四代标，另加 2011 年度限定副标。

包　装：清漆原色木盒 10 支装。

介　绍：采用陈化 2 年烟叶。2011 年发布。这个限定版也是纪念高希霸品牌成立 45 周年。烟草是从下布埃尔塔地区最优质的土壤中挑选的，属于圣胡安、马丁内斯和圣路易斯种植场的。

2014 年全球限量——至尊罗布图
2014 Edición Limitada Series—Robustos Supremos

木盒包装正面

木盒包装背面

至尊罗布图 Robustos Supremos	长度：127mm	环径：58	发布年份：2014	浓郁度★★★★☆

结　构：手卷。

雪茄标：第五代标，另加 2014 年度限定副标。

包　装：清漆侧推盖木盒 10 支装。

介　绍：茄衣陈化 2 年。2014 年发布。以 58 的超大环径成为了古巴雪茄中的至尊 (Supremos)。

2017 年全球限量——护身符
2017 Cohiba Edición Limitada Series—Talismán

木盒包装正面　　木盒包装背面

护身符 Talismán	长度：154mm	环径：54	发布年份：2017	浓郁度★★★☆☆

结　构：手卷。

雪茄标：第五代标，另加 2017 年度限定副标。

包　装：清漆侧推盖木盒 10 支装。

介　绍：2017 年发布。2017 年 11 月才推出市场。第 2 批次雪茄（据报道为数 200,000 支），于 2019 年卷制和推出。第 2 批次的雪茄使用和第 1 批雪茄相同的烟叶。

2021 年全球限量 55 周年——胜利
2021 Edición Limitada 55 Aniversario—Victoria

5 支装版本

10 支装版本

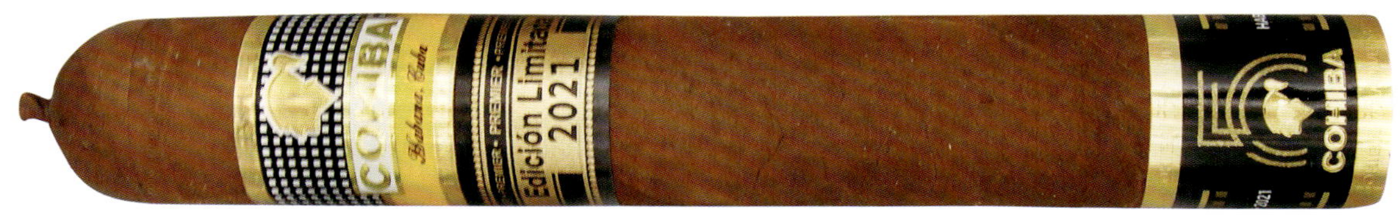

5 支装版本

10 支装版本

胜利 Victoria	长度：150mm	环径：57	发布年份：2021	浓郁度★★★★☆

结　构：手卷。

雪茄标：第五代标，另加 2021 年度限定副标，还有一个特制的高希霸 55 周年的脚套标。

包　装：黑色皮质木盒 5 支装。清漆原色木盒 10 支装。

介　绍：2021 年发布。2022 年中推出市场。这些雪茄的首次发行是 10,000 个编号的毛毡和皮革包装的豪华盒装雪茄，每盒 5 支，带有特别的 Premier Edition 带子。这些雪茄盒只在中东地区销售。10 支装稍晚推出市场。

06 生肖系列

1. 生肖系列兔年限量——黄金世纪

2. 生肖系列龙年限量——致敬

哈伯纳斯 Habanos S.A. 在 2019 年推出了 中国生肖系列 (Año Chino)。这系列是由 国际品牌 (Global Brands) 中的优质、较大的环径雪茄所组成。这一系列雪茄每年在农历新年前发布。首先在香港推出，随后在全球均有发售。包装采用豪华和喜庆的红色和金色，每盒 8 支或 18 支雪茄，并配有描绘中国生肖动物的脚标。产量一般为 8,888 盒。农历新年一般在公历的 1 月底或 2 月底之间, 另一方面, 新的古巴雪茄通常在 2 月底的哈伯纳斯嘉年华 Festival del Habanos 上发布。因此虽然中国生肖系列 Chinese Year Series Año Chino 雪茄 的“发布年份”，被认定是发布的年份，不过这些雪茄庆祝的生肖却是之后的一年。目前共推出两款中国生肖系列，分别是兔年生肖和龙年生肖。

生肖系列兔年限量——黄金世纪
Siglo de Oro Chinese—Year Series

木盒包装正面

黄金世纪 Year Series	长度：115mm	环径：54	发布年份：2022	浓郁度★★★★☆

结　构：手卷。

雪茄标：第五代标，另加特制的脚套标。

包　装：名贵原色木盒 18 支装（总产量 18,888 盒）。

介　绍：2022 年发布。2023 年年初推出市场。庆祝中国生肖兔年。这是首款在包装盒中配备 NFC 芯片的古巴雪茄，用于辨证真伪。

生肖系列龙年限量——致敬
Siglo de Oro Chinese—Tributo

木盒包装正面

致敬 Tributo	长度：192mm	环径：38	发布年份：2024	浓郁度★★★☆☆

结　构：手卷。

雪茄标：第五代标，另加特制的脚套标。

包　装：保湿盒 55 支装 (限量 128 盒)。

介　绍：2024 发布。亚洲市场独有。庆祝中国生肖龙年。保湿盒由法国雪茄盒制造商 Elie Bleu 生产。

07 瓷罐系列

1. 高希霸 30 周年限量瓷罐——达莉娅

2. 高希霸千禧珍藏系列瓷罐

推出纪念性发行保湿盒，以纪念特殊场合或周年纪念日（通常每年至少一次）。此系列以限量但高昂的价格出售给公众。它们通常在雪茄盒中装有独特款式尺寸的雪茄，通常配上与保湿盒有关联的特别茄标。瓷罐包装用于 1996 年高希霸 Cohiba 30 周年 Aniversario 和 1999 年千禧年 Millennium 版本。

高希霸 30 周年限量瓷罐——达莉娅

Cohiba 30 Aniversario Jar Commemorative Release—Dalia

瓷罐包装正面

瓷罐包装背面

30 周年特别版本

达莉娅 Dalia	长度：170mm	环径：43	发布年份：1996	浓郁度★★★★☆

结　构：手卷。

雪茄标：30 周年纪念特别茄标。

包　装：瓷罐 25 支装（总产量 1,000 罐）。

介　绍：1996 年发布。纪念高希霸品牌成立 30 周年的发行。

高希霸千禧珍藏系列瓷罐
Cohiba Reserva del Milenio Millennium Reserve Series

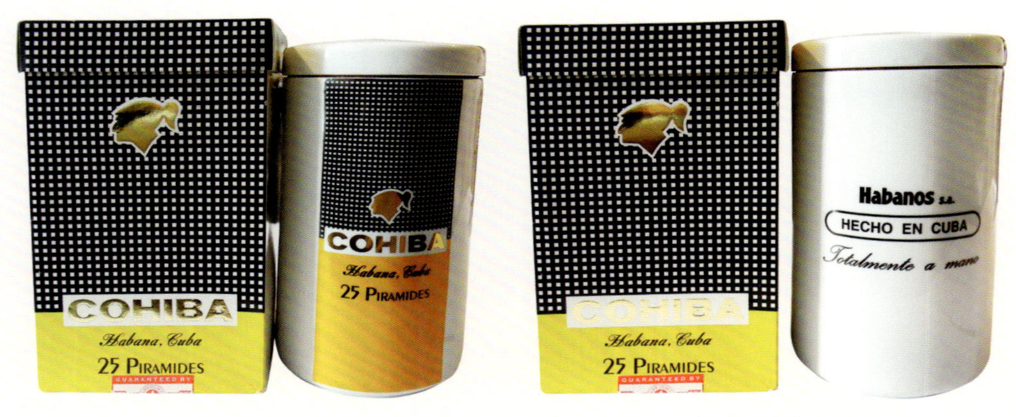

瓷罐包装正面　　瓷罐包装背面

千禧珍藏系列版本

千禧珍藏系列 Reserva del Milenio	长度：156mm	环径：52	发布年份：1999	浓郁度★★★★☆

结　构：手卷。

雪茄标：千禧珍藏系列 2000 茄标。

包　装：瓷罐 25 支装（总产量 10,000 罐）。

介　绍：1999 年发布。为庆祝千禧年特别推出的限量版雪茄，瓷罐具有强烈的时代纪念意义。

08 珍藏版 RR

1. 珍藏版本组合纪念雪茄

2. 高希霸罗布图珍藏

哈伯纳斯 Habanos S.A. 在 2003 年推出了珍藏系列 (Reserva) 计划。该系列包括采用特别挑选的烟草来制成的标准生产款式尺寸的雪茄，烟草在卷制雪茄之前，至少要陈化三年或以上，雪茄除了标准生产雪茄的茄标之外，还有 Reserva 的副标，装在名贵的漆盒子里，并以高价出售。该系列每两年发行一次（与特级珍藏系列交替发行）。高希霸于 2003 年推出首款珍藏版本 RR，2018 年再次推出罗布图珍藏版本 RR。

珍藏版本组合纪念雪茄

Reserva Selección Reserve Series

木盒包装正面　　木盒包装背面

罗布图 Robustos (6)

世纪皇冠 Media Coronas (6)

特级皇冠 Coronas Especiales (6)

金字塔 Pirámides (8)

导师 Espléndidos (4)

罗布图 Robustos (6)	长度：124mm	环径：50	发布年份：2003	浓郁度★★★½☆
世纪皇冠 Media Coronas (6)	长度：142mm	环径：38	发布年份：2003	浓郁度★★★★☆
特级皇冠 Coronas Especiales (6)	长度：152mm	环径：38	发布年份：2003	浓郁度★★★★½
金字塔 Pirámides (8)	长度：156mm	环径：52	发布年份：2003	浓郁度★★★★½
导师 Espléndidos (4)	长度：178mm	环径：47	发布年份：2003	浓郁度★★★★½

结　构：手卷。

雪茄标：第四代标，另加珍藏系列副标。

包　装：清漆原色木盒 30 支装。

介　绍：茄芯烟叶经过最少三年陈化。2003 年高希霸发布了五款珍藏版雪茄组合。

高希霸罗布图珍藏
Reserva Cosecha Reserve Series Robusto

绒布袋包装正面

木盒包装正面

罗布图 Robusto	长度：124mm	环径：50	发布年份：2018	浓郁度★★★⯪☆

结　构：手卷。

雪茄标：第五代标，另加珍藏系列副标。

包　装：黑色亮光面漆盒 20 支装（总产量 5,000 盒）。

介　绍：2018 年在古巴 20 周年雪茄节上发布。2018 年 12 月推出市场。

09 特级珍藏版 GR

1. 高希霸特级珍藏系列——世纪 6（2003）

2. 高希霸特级珍藏系列——导师（2017）

2009 年，哈伯纳斯 Habanos S.A. 推出了特级珍藏系列 (Gran Reserva) 。该系列包括经过特别挑选的烟草，在卷制雪茄之前，要陈化至少五年。雪茄除了标准生产雪茄的茄标之外，还带有特制的 (Gran Reserva) 副标，装在特别的带编号的漆盒中，并以高价出售。它们每两年发布一次（与珍藏系列 Reserve 交替发行）。高希霸发布两款特别珍藏版 GR，分别是 2009 年特级珍藏系列——GR 世纪 6 号、2017 年特级珍藏系列——GR 导师。

高希霸特级珍藏系列——世纪6（2003）
Cohiba Gran Reserva Cosecha—2003 Series Siglo VI

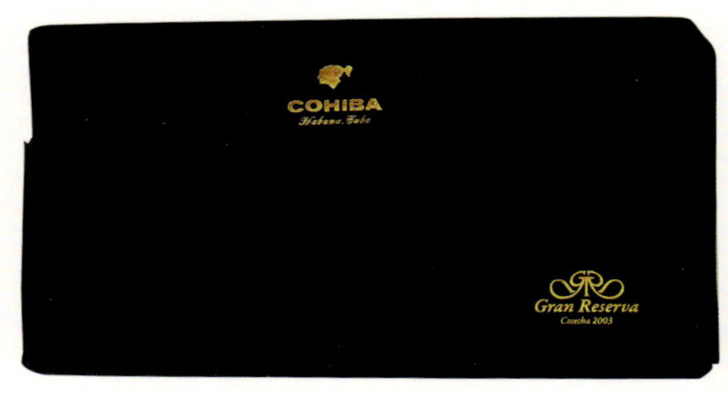

绒布袋包装正面

木盒包装正面

世纪 6 号 Siglo VI	长度：150mm	环径：52	发布年份：2009	浓郁度★★★★☆

结　构：手卷。

雪茄标：第四代标，另加特级珍藏系列副标。

包　装：黑色亮光面漆盒 15 支装（总产量 5,000 盒）。

介　绍：使用 2003 年收成的烟叶。2009 年发布。雪茄是精选于 2003 年在圣胡安、马丁内斯和圣路易斯区域采集的烟叶，并且在艾拉斐托 ElLaguito 的工厂进行卷制。

高希霸特级珍藏系列——导师（2017）
Cohiba Gran Reserva Cosecha—2017 Espléndidos

木盒包装正面

木盒包装背面

导师 Espléndidos	长度：178mm	环径：47	发布年份：2023	浓郁度★★★★☆

结　构：手卷。

雪茄标：第五代标，另加特级珍藏系列副标。

包　装：黑色亮光面漆盒 15 支装（总产量 5,000 盒）。

介　绍：2023 年发布的 GR 雪茄，也是继 2009 年发行世纪 6 号 GR 后该品牌发行的第二款 GR 雪茄，烟叶是 2017 年开始醇化的。

10 书本系列

1. 高希霸崇高——珍藏书本（2008）

2. 高希霸理想——珍藏书本（2021）

哈伯纳斯 Habanos S.A. 在 2001 年开始推出了 哈伯纳斯收藏系列 (Colección Habanos)。该系列包括特大尺寸雪茄，雪茄装在带编号的书本形原色木盒之中。2001 年发行的雪茄盒中，只有 10 支雪茄，但此后大部分发行，都包含 20 支雪茄。发行的书本木盒数量从 300 到 2,000 不等。通常，雪茄会配上品牌的标准生产茄标。在该系列发布了第十版之后，2011 年的第 11 版，包含前十个发行版本中的 3 支雪茄。然后该系列再次重新开始，重复以前相同的顺序，来自相同十个品牌中的新雪茄。高希霸发布了两款书本木盒，分别是 2008 年产珍藏书本——崇高、2021 年产书本珍藏——理想。

高希霸崇高——珍藏书本（2008）
Cohiba Colección Habanos Collection Sublimes Extra 2008

纸盒包装正面

木盒包装正面

崇高 Sublimes Extra	长度：184mm	环径：54	发布年份：2008	浓郁度★★★★☆

结　构：手卷。

雪茄标：第四代标。

包　装：书本形木盒 20 支装（总产量 1,000 盒）。

介　绍：2008 年发布。哈伯纳斯收藏系列的第八个版本。

高希霸理想——珍藏书本（2021）

Cohiba Colección Habanos Habanos Collection Series Ideales 2021

纸盒包装正面　　木盒包装正面　　木盒包装侧面

理想 Ideales	长度：175mm	环径：56	发布年份：2021	浓郁度★★★★☆

结　构：手卷。

雪茄标：第五代标，另加特制的 55 周年茄标，还有一个哈伯纳斯收藏系列（Coleccion Habanos）的脚套标。

包　装：书本形木盒 20 支装（总产量 3,000 盒）。

介　绍：2021 年发布。2023 年推出市场。

11 保湿盒系列

1. 高希霸瓜亚萨明 1 号限量保湿盒
2. 高希霸特别罗布图 30 周年限量保湿盒
3. 高希霸 35 周年纪念限量保湿盒
4. 高希霸品牌 35 周年纪念保湿盒
5. 高希霸初版贝伊可（编号贝伊可）40 周年纪念版
6. 瓜亚萨明 2 号保湿盒
7. 高希霸 50 周年纪念保湿盒
8. 高希霸 50 周年纪念保湿盒——雄伟 1966

推出纪念性发行保湿盒，以纪念特殊场合或周年纪念日。此系列以限量但高昂的价格出售给公众。它们通常在雪茄盒中，装有独特款式尺寸的雪茄，通常配上与保湿盒有关联的特别茄标。雪茄保湿盒外形设计独特，做工精美，除了养护雪茄外，也是值得收藏的艺术品。

高希霸瓜亚萨明1号限量保湿盒
Cohiba Guayasamin I Humidor Commemorative Release

COHIBA

世纪 1 号 Siglo I (10)	长度：102mm	环径：40	发布年份：1996	浓郁度★★★★⯪
罗布图 Robustos (10)	长度：124mm	环径：50	发布年份：1996	浓郁度★★★⯪☆
世纪 2 号 Siglo II (10)	长度：129mm	环径：42	发布年份：1996	浓郁度★★★★⯪
世纪 4 号 Siglo IV (10)	长度：143mm	环径：46	发布年份：1996	浓郁度★★★★⯪
特级皇冠 Coronas Especiales (10)	长度：152mm	环径：38	发布年份：1996	浓郁度★★★★⯪
世纪 3 号 Siglo III (10)	长度：155mm	环径：42	发布年份：1996	浓郁度★★★⯪☆
世纪 5 号 Siglo V (10)	长度：170mm	环径：43	发布年份：1996	浓郁度★★★★⯪
导师 Espléndidos (10)	长度：178mm	环径：47	发布年份：1996	浓郁度★★★★⯪
长矛 Lanceros (10)	长度：192mm	环径：38	发布年份：1996	浓郁度★★★★⯪

结　构：手卷。

雪茄标：第三代标。

包　装：保湿盒 90 支装（总产量 30 盒）。

介　绍：1996 年发布。为 1997 年在夏湾拿举行的高希霸 30 周年庆典聚会制作。包括一张编号证书。

Certificamos la legitimidad de esta caja
tallada a mano bajo diseño de Guayasamín,
numerada 1/30, con habanos de la marca Cohiba.
El producto de su venta está destinado al proyecto
"La Capilla del Hombre"
que se construye en Quito, Ecuador.

Fidel Cast　　*Oswaldo Guayasamín*

世纪 1 号 Siglo I (10)

罗布图 Robustos (10)

世纪 2 号 Siglo II (10)

世纪 4 号 Siglo IV (10)

特级皇冠 Coronas Especiales (10)

世纪 3 号 Siglo III (10)

世纪 5 Siglo V (10)

导师 Espléndidos (10)

长矛 Lanceros (10)

高希霸特别罗布图30周年限量保湿盒

Cohiba 30 Aniversario Humidor Commemorative Release Robusto Especial

木盒包装正面

30 周年特别纪念

特级罗布图 Robusto Especial	长度：192mm	环径：50	发布年份：1996	浓郁度★★★★☆

结　构：手卷。

雪茄标：30 周年纪念特别茄标。

包　装：保湿盒 50 支装（总产量 45 盒）。

介　绍：1996 年发布。纪念高希霸品牌成立 30 周年。

高希霸35周年纪念限量保湿盒

Cohiba 35 Aniversario Humidor Commemorative Release

COHIBA

名称	长度	环径	发布年份	浓郁度
罗布图 Robustos (20)	长度：124mm	环径：50	发布年份：2001	浓郁度★★★½☆
金字塔 Pirámides (20)	长度：156mm	环径：52	发布年份：2001	浓郁度★★★★½
世纪 5 号 Siglo V (20)	长度：170mm	环径：43	发布年份：2001	浓郁度★★★★½
导师 Espléndidos (20)	长度：178mm	环径：47	发布年份：2001	浓郁度★★★★½
长矛 Lanceros (35)	长度：192mm	环径：38	发布年份：2001	浓郁度★★★★½
特级皇冠 Gran Coronas (20)	长度：235mm	环径：47	发布年份：2001	浓郁度★★★★½

结　构：手卷。

雪茄标：35 周年特别茄标。

包　装：保湿盒 135 支装（总产量 500 盒）。

介　绍：2001 年发布。纪念高希霸品牌成立 35 周年。

罗布图 Robustos (20)

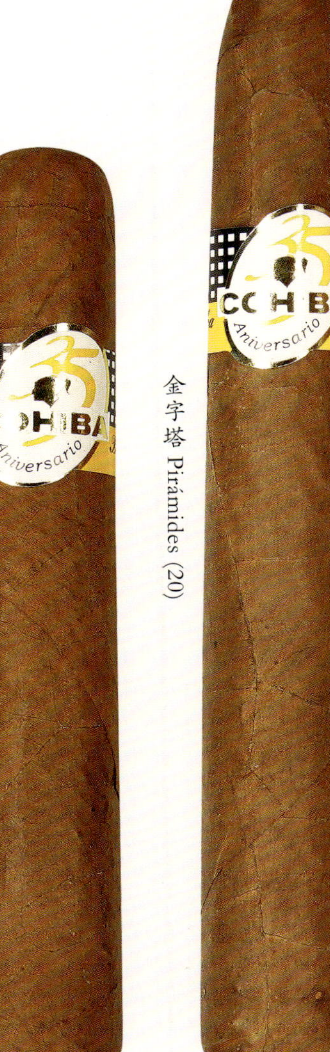

金字塔 Pirámides (20)

世纪 5 号 Siglo V (20)

导师 Espléndidos(20)

长矛 Lanceros (35)

特级皇冠 Gran Coronas (20)

高希霸品牌35周年纪念保湿盒
Cohiba Serie A Humidor Commemorative Release Cohiba A

保湿盒正面

保湿盒内部

35周年纪念版本

结　构：手卷。

雪茄标：35 周年纪念茄标。

包　装：保湿盒 50 支装（总产量 100 盒）。

介　绍：2003 年发布。为庆祝高希霸成立 35 周年。

高希霸 A Cohiba A	长度：235mm	环径：47	发布年份：2003	浓郁度★★★★☆

高希霸初版贝伊可（编号贝伊可）40周年纪念版
Cohiba 40 Aniversario Humidor Commemorative Release Behike

木盒包装正面

贝伊可 Behike	长度：192mm	环径：52	发布年份：2006	浓郁度★★★★☆

结　构：手卷。

雪茄标：第四代标，另加特别编号的贝伊可副标。

包　装：保湿盒 40 支装（总产量 100 盒）。

介　绍：由同一名卷烟师卷制，每一张贝伊可副标均带有独立手写编号。2006 年发布。为庆祝高希霸成立 40 周年发行。

瓜亚萨明2号保湿盒
Cohiba Guayasamin II Humidor Commemorative Release

00/50
GUAYASAMIN

罗布图 Robustos (15)	长度：124mm	环径：50	发布年份：2007	浓郁度★★★⯪☆
世纪 4 号 Siglo IV (15)	长度：143mm	环径：46	发布年份：2007	浓郁度★★★★⯪
特级皇冠 Coronas Especiales (15)	长度：152mm	环径：38	发布年份：2007	浓郁度★★★★⯪
金字塔 Pirámides (15)	长度：156mm	环径：52	发布年份：2007	浓郁度★★★★⯪
导师 Espléndidos (15)	长度：178mm	环径：47	发布年份：2007	浓郁度★★★★⯪
长矛 Lanceros (15)	长度：192mm	环径：38	发布年份：2007	浓郁度★★★★⯪

结　构：手卷。

雪茄标：第四代标。

包　装：保湿盒 90 支装（总产量 50 盒）。

介　绍：2007 年发布。为纪念瓜亚萨明基金会生产的第一款雪茄保湿盒 10 周年。

罗布图 Robustos (15)

世纪 4 号 Siglo IV (15)

特级皇冠 Coronas Especiales (15)

金字塔 Pirámides (15)

导师 Espléndidos (15)

长矛 Lanceros (15)

高希霸50周年纪念保湿盒
Cohiba 50 Aniversario Humidor Commemorative Release 50 Aniversario

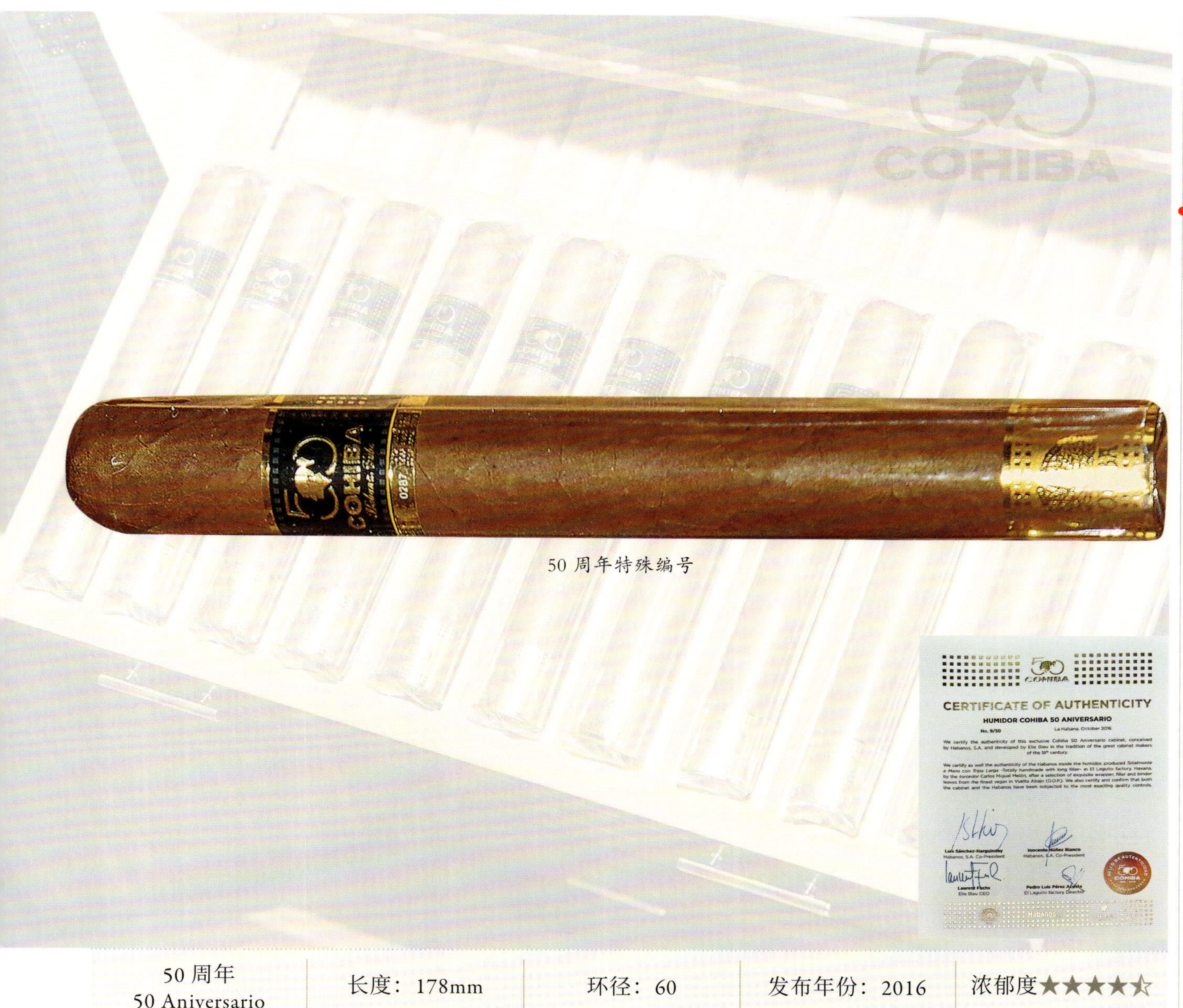

50 周年特殊编号

50 周年 50 Aniversario	长度：178mm	环径：60	发布年份：2016	浓郁度★★★★☆

结　构：手卷。

雪茄标：特殊编号的 50 周年茄标，还有一个特制仿古的高希霸标志脚套。

包　装：保湿盒 50 支装（总产量 50 盒）。

介　绍：2016 年发布，2016 年年底才推出市场。限量 50 盒，50 支 / 盒。Habanos S.A. 推出的最独特、最豪华产品，以纪念高希霸品牌 50 周年。特别版高希霸 50 周年首次将 60 环径引入 Habanos 尺寸范围内，专为这一特别的庆祝活动而设计。此版本中所有的 2500 支雪茄 Habanos 采用了该品牌 5 年以来最具特色的风味，具有中等至浓郁的风味。它们都是在哈瓦那近乎神话般的 EILaguito（拉吉托）工厂制作的，完全由手工和顶级的烟叶制成。

高希霸50周年纪念保湿盒——雄伟1966
Commemorative Release—Majestuoso 1966

木盒包装正面

雄伟 1966 （Majestuoso 1966）	长度：150mm	环径：58	发布年份：2016	浓郁度★★★★☆

结　构：手卷。

雪茄标：第五代标，另加高希霸 50 周年副标。

包　装：保湿盒 20 支装（总产量 1,966 盒）。

介　绍：2016 年发布。2017 年 5 月才推出市场。限量 1966 盒，20 支 / 盒。高希霸雄伟 1966 是一款独特的 vitola，由 Habanos S.A. 为纪念该品牌成立 50 周年而特别设计，该品牌成立于 1966 年。这个独家版本中的 20 支雪茄具有浓郁的风味，从最好的田地中挑选出品相精美的烟叶和茄衣。高希霸雄伟 1966 具有特殊尺寸，在任何其他高希霸产品中都没有重复，也没有在 Habanos 的标准尺寸范围内重复。这是一款非常适合高希霸品牌和 Habanos 爱好者的特别产品，因为它的新格式、很大的环径和精选的特级烟叶，专为喜欢复杂、强烈口味的雪茄爱好者而设计。这款纪念版以独特的设计和限量生产的独家雪茄盒呈现，优雅的简约和微妙的复古弧形设计是对品牌在 20 世纪 60 年代推出的时间的致敬。特殊的高希霸 50 周年纪念标志旨在捕捉该品牌在 2016 年的不同举措，在这款雪茄盒闪闪发光的黑色漆皮上脱颖而出。封面内有一个小徽章，代表该系列独家生产的 1,966 件作品中的编号。

12 特殊版本系列

1. 世纪晚宴系列——特别盛会·高希霸 A

2. 小说

高希霸品牌除了推向市场流通的产品以外，它还肩负为古巴国家元首和政府生产用于赠送其他国家元首和政府官员以及特殊贵宾的雪茄的重任。

世纪晚宴系列——特别盛会·高希霸 A
Cohiba VIP Gifts Special Events Lanceros

木盒包装正面

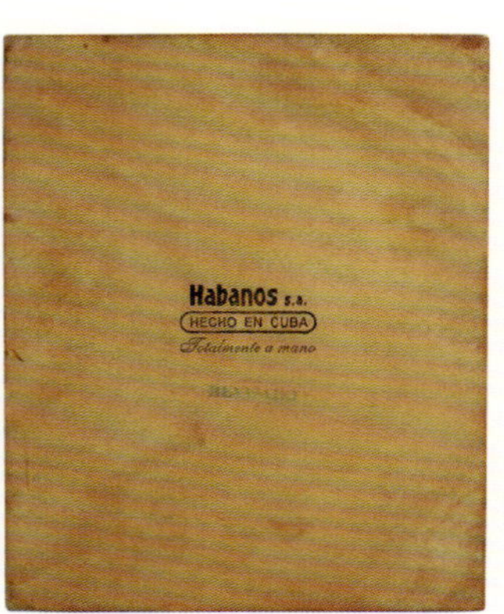

木盒包装背面

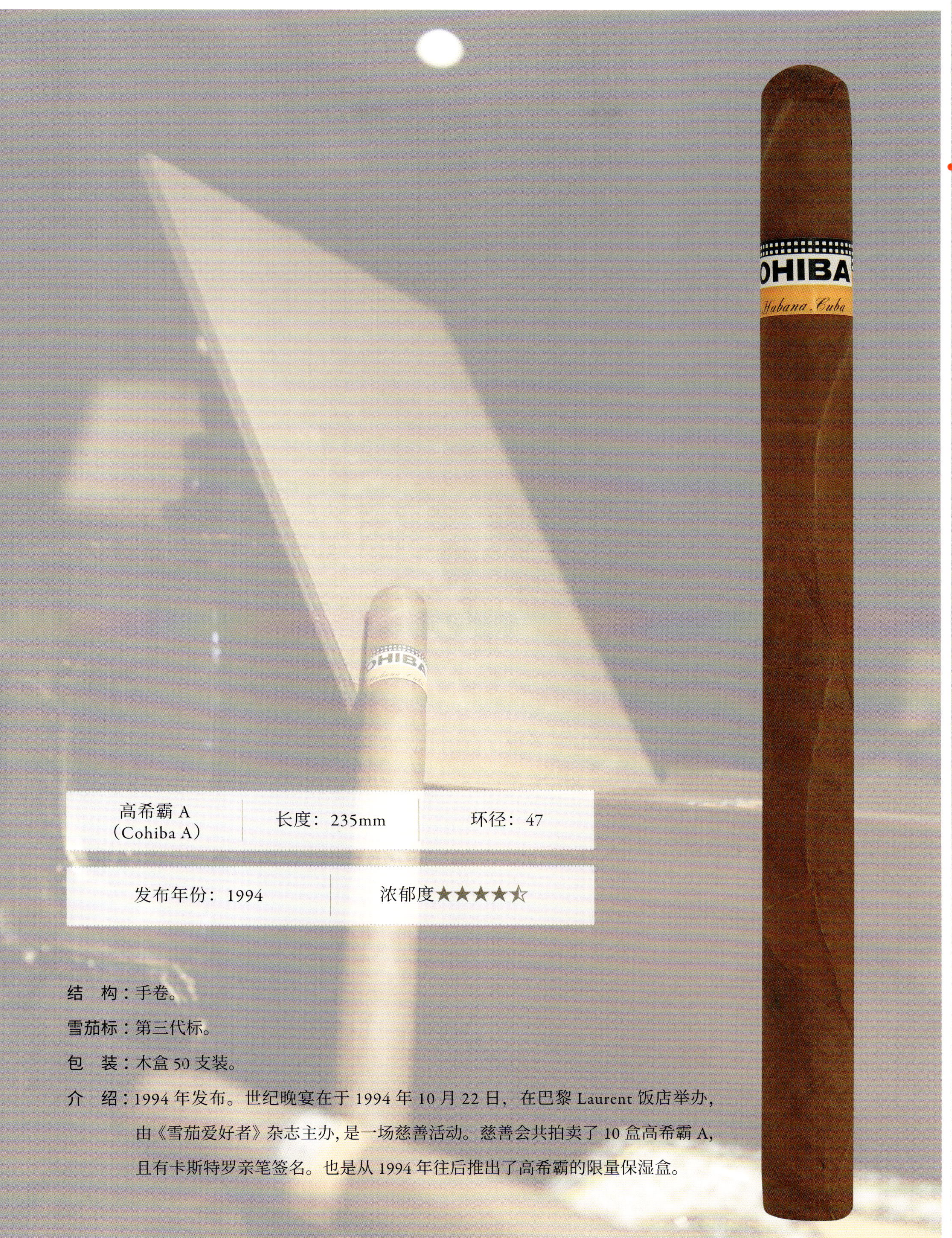

高希霸 A (Cohiba A)	长度：235mm	环径：47

发布年份：1994	浓郁度★★★★☆

结　构：手卷。

雪茄标：第三代标。

包　装：木盒 50 支装。

介　绍：1994 年发布。世纪晚宴在于 1994 年 10 月 22 日，在巴黎 Laurent 饭店举办，由《雪茄爱好者》杂志主办，是一场慈善活动。慈善会共拍卖了 10 盒高希霸 A，且有卡斯特罗亲笔签名。也是从 1994 年往后推出了高希霸的限量保湿盒。

小说 Novedosos

木盒包装正面

木盒包装背面

小说 Novedosos	长度：156mm	环径：50	发布年份：2019	浓郁度★★★★☆

结　构：手卷。

雪茄标：第五代标，另加哈伯纳斯专享副标。

包　装：黑色亮光面漆盒 25 支装。

介　绍：于 2019 年在西班牙的一次活动中首次“亮相”，当时已经向部分经销商提供了少量的盒装雪茄。从 2021 年起，该雪茄开始小量供应给贵宾。直到 2023 年年中，这支雪茄才开始在零售层面供货。

保固封条

古巴雪茄保固封条俗称“美金标”起源于20世纪初期，目的是防止假冒伪劣产品的出现，并为消费者提供可靠的真品保证。这个税标由古巴政府授权设计，带有特定的标识和编号，以便追踪和识别合法的生产商和雪茄品牌。美金标的设计精美，采用了金色的图案和字体，使其在产品上鲜明可见，彰显了古巴雪茄的高档品质和独特魅力。

保固封条 1962—1999 年

多年来，由于印版的磨损，封条上烟草种植场景中，原有可见的 9 名工人渐渐减少，直到 20 世纪八九十年代，当时只有 5 名工人清晰可见。

封条在白纸上用较浅的绿色墨水印刷，有 3 种已知尺寸 182 毫米 ×62 毫米和 97 毫米 ×33 毫米用于盒子，60 毫米 ×20 毫米则用于纸板包装。盒子封条是粘合的，纸板包装封条是自粘的。

保固封条 1999—2009/2011 年

此保固封条于 1999 年年末推出。这是对先前封条的重大修改，并包含更多防伪安全功能。有 2 种尺寸（盒子为 148 毫米 ×49 毫米，纸板包装为 60 毫米 ×20 毫米）。较小的印章没有序列号。

封条由质量更好的自粘贴纸制成，并带有微型印刷和在紫外光下会发出荧光的隐藏防伪盾。盒子封条有一个独特的序列号，用红色墨水印刷，在紫外线下会产生不同的反应。

这个封条有几种不同版本：

1. 深绿色墨水，在明亮的白纸上，提供良好的对比。在紫外光下，纸张会发出荧光，出现一个模糊不清的粉橙色盾牌，整个序列号则呈现出非常深的黑红色。

2. 淡绿色墨水印在奶油白纸上，外观不太明显。在紫外光下，纸不发荧光，出现一个清晰的柠檬黄色盾牌，整个序列号呈现出非常深的黑红色。

3. 与 2 类似，在紫外光下，序列号的字母保持非常深的黑红色，但数字发出强烈的亮红色荧光。

隐藏的防伪 UV 图像（错误地称为水印）位于序列号上方的中央。它是印刷版盾牌的更大版本。

微型印刷存在于两个位置：靠近“Republic de Cuba”文字上方的顶部，和靠近“torcidosy picadura”文字下方的底部。

微印刷的文字由“SELLO DE GARANTIA REPUBLICA DE CUBA”组成，在封条的两个卷轴之上重复。由于印刷的过程，这些文字不是肉眼可读的，并且在放大倍数下，也不会太过清晰。

序列号由两个字母和六个数字组成，序列号的第一个字母与以下盒的日期代码相对应。第二个字母似乎有些随机。作为质量控制的一部分，保固封条上以 XX 或 XY 开头的任何序列号，都已在哈伯纳斯 Habanos S.A. 工厂打开和检查过，这些盒子的底部可能有一个“REVISADO”（已审查）印章。

盒的日期	序列号的前部分
1999	A
2000	A
2001	A, B, D
2002	A, B, D
2003	B, D, E
2004	F, G
2005	G, H
2006	H, I
2007	I, EZ
2008	I
2009	I, J
2010 / 2011	J

保固封条 2009—2010 年年末左右

2009 年，哈伯纳斯 Habanos S.A. 推出了一种具有更多防伪功能的封条。然而，之前的封条一直使用到 2011 年左右。许多盒子都带有新旧两个封条，新封条覆盖在旧封条之上。

这个封条有两种尺寸：118 毫米 ×35 毫米用于纸糊木盒、木箱等，58 毫米 ×20 毫米用于纸板包装。两个新封条都包含全像图，较大的封条有一体化的条码和序列号，来代替之前的序列号。

较小的封条没有条码（或序列号）。

封条上的序列号为唯一编码，它们不是产品代码（UPC 或 EAN）编号。这一组数字有四种不同的格式。

保固封条印在合成纸上，撕下时会损坏。它结合了防扫描和防影印的保护功能（大概是微印刷）。全像图显示双色文本（单击图像放大）。“HABANOS”这个词也在“Aqui”标志周围微印了 10 次，在较大的“Habanos”文字下方微印了 3 次。这种微印刷非常小，肉眼无法看到。

当前的保固封条大约在 2010 年年末开始使用

2010 年年底，哈伯纳斯 Habanos S.A. 修改了新的全像图封条，将边角切去再变圆，将封条的宽度增加了 2 毫米，并删除了与全像图相邻的白色边框。条形码和序列号的格式也发生了变化。这封条仍然包括隐藏的紫外线敏感“波峰”，但它现在偏离了中心。

从 2011 年年底开始，主封条又有一番修改，新的设计特色是将序列号微型印刷在不同的位置。封条的小版本也在同一时间进行了修改，为这些封条添加了一个独特的微印刷序列号。这些数字无法在哈伯纳斯 Habanos 网站上查看，并且似乎与主封条无关。通常，数字将在展示盒内的纸板包上按顺序排列。

2013 年年中，封条的全像图发生了变化。基本设计保持不变，然而，在旧款上，“Habanos”垂直时显得模糊，而 Aqui 标志则相当清晰。新款的全像图上，“Habanos”字样清晰，而 Aqui 标志则显得模糊。这样做的目的是光线在全像图上移动变化时引入 3D 移动效果。小封条上的全像图也在这个时期，发生了与主封条上的全像图类似的变化。

2013 年年中之前

2013 年年中之后

COHIBA

古巴雪茄品牌

哈伯纳斯 (Habanos S.A.) 当前的产品组合，包括 27 个出口品牌，按个别的销售覆盖面和营销策略来分组。

国际品牌 (Global Brands): 国际品牌就是在哈伯纳斯的所有销售点都有供货。品牌的重点在于“创新和产品开发”。这些品牌将会承担大部分的年度限定版和珍藏系列，以及各种超高级雪茄（周年保湿盒等）。不过它们不会参与地区限定版的发行。

价值品牌 (Value Brands): 价值品牌就是可在拉卡萨小屋 (La Casa del Habano) 和拉卡萨 (Habanos Specialist) 专门店找到。这些品牌的重点是“增值”。这些品牌将会肩负部分地区限定版和拉卡萨尊享系列 (La Casa del Habano)，以及偶尔发行年度限定版雪茄。这些品牌将不会参与珍藏或特级珍藏系列。

批量品牌 (Volume Brands): 批量品牌就是可在拉卡萨小屋 (La Casa del Habano) 的所有销售点找到。这些是价廉又大众化的雪茄，包装和质量相对比较普通。它们通常不会参与任何限定版的发行。

其他品牌 (Other Brands): 就是可在拉卡萨小屋 (La Casa del Habano) 的所有销售点找到。这些品牌的重点是“战术发展”。这些品牌中的大多数，只有几款恒常生产的雪茄，但偶尔会发行地区限定版。

“价值品牌”“批量品牌”和“其他品牌”合称为“组合品牌”。

所有古巴雪茄品牌

国际品牌

国际品牌就是在哈伯纳斯的所有销售点都有供货。

高希霸

乌普曼

好友

蒙特

帕特加斯

罗密欧与朱丽叶

价值品牌

价值品牌是可在拉卡萨 (Habanos Specialist) 专门店找到。这些雪茄的营销重点是建立品牌价值，因此他们偶尔会看到新雪茄和特别发售的雪茄。

玻利瓦尔

潘趣

希多尔赛

雷蒙阿隆尼

千里达

所有古巴雪茄品牌

批量品牌

批量品牌由价格较低而批量较大的雪茄所组成。

荷西比雅达

金特罗

威古洛

其他品牌

其他品牌的雪茄数量很少，主要用于地区限定版雪茄和“战术发展”雪茄。它们在拉卡萨小屋 (La Casa del Habano) 的销售点有售。

库阿巴

外交官

世界之王

科塞卡

胡安佩洛斯

卡诺之花

古巴荣耀

LARRAÑAGA
波尔拉腊尼加

拉斐尔

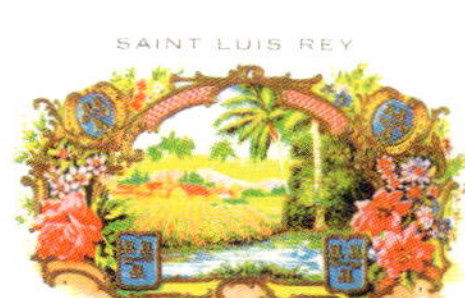

圣路易斯雷伊

圣克里斯多

桑丘潘萨

瓦格斯陆班纳